DE
L'ALUMINIUM.

V

Paris. — Imprimerie de MALLET-BACHELIER, rue du Jardinet, 12.

DE

L'ALUMINIUM.

SES PROPRIÉTÉS,

SA FABRICATION ET SES APPLICATIONS,

PAR

M. Hⁱ. SAINTE-CLAIRE DEVILLE,

OFFICIER DE LA LÉGION D'HONNEUR, MAÎTRE DE CONFÉRENCES A L'ÉCOLE NORMALE, MEMBRE CORRESPONDANT DE L'ACADÉMIE ROYALE DES SCIENCES DE GÖTTINGEN, MEMBRE HONORAIRE DE L'INSTITUTION ROYALE DE LONDRES, DE LA SOCIÉTÉ DE PHYSIQUE DE GENÈVE, ETC.

———❦———

PARIS,

MALLET-BACHELIER, IMPRIMEUR-LIBRAIRE

DU BUREAU DES LONGITUDES, DE L'ÉCOLE IMPÉRIALE POLYTECHNIQUE,

Quai des Augustins, 55.

1859

TABLE DES MATIÈRES.

PRÉFACE.

Les métaux que les hommes emploient dans les pays civilisés, pour les besoins ordinaires de la vie, sont en très-petit nombre; ils se partagent en deux groupes très-distincts et très-éloignés : les métaux précieux et les métaux communs : l'or et l'argent d'une part; de l'autre, le cuivre, l'étain, le fer, le plomb, et enfin, seulement depuis peu d'années, le zinc. Entre les métaux communs et les métaux précieux il n'existe aucune matière intermédiaire. Cette lacune, que l'on a essayé de combler au moyen de quelques alliages qui ont été successivement abandonnés à cause de leur prix et surtout à cause de leurs inconvénients, subsiste encore aujourd'hui de la manière la plus manifeste et souvent la plus gênante. Il y a quelques années, au moment où le hasard me faisait découvrir quelques-unes des propriétés si curieuses de l'aluminium, ma première pensée fut que j'avais mis la main sur ce métal intermédiaire dont la place serait faite dans les usages et les besoins des hommes, le jour où l'on connaîtrait le moyen de le faire sortir du laboratoire des chimistes pour le faire entrer dans l'industrie. Cette prévision, qui semble se réaliser chaque jour, et l'état actuel de l'industrie de l'aluminium donnent entièrement raison aux conclusions de mon premier Mémoire publié au commencement de 1855 et que je désire citer textuellement:

« Des faits que contient ce Mémoire, je conclus que

» l'aluminium est un métal susceptible par ses propriétés
» curieuses, par son inaltérabilité à l'air, à l'air souillé
» d'hydrogène sulfuré, par sa résistance à l'action des
» acides autres que l'acide chlorhydrique, par sa fusibi-
» lité, par la beauté de sa couleur et ses propriétésp hy-
» siques, pour lesquelles il est permis de le comparer à
» l'argent, de devenir un métal usuel. Sa densité, si fai-
» ble, qu'elle égale à peine celle du verre, lui assure des
» applications spéciales. Intermédiaire entre les métaux
» communs et les métaux précieux par quelques-unes de
» ses propriétés, il est supérieur aux premiers dans les
» usages de la vie domestique par l'innocuité absolue de
» ses combinaisons avec les acides peu énergiques, due
» principalement à leur instabilité sous l'influence d'une
» faible chaleur. Quand d'ailleurs on réfléchit que l'alu-
» minium existe en proportion considérable dans les ar-
» giles, que cette proportion peut aller jusqu'au quart de
» leur poids dans quelques-unes des matières les plus
» communes, on doit désirer que l'aluminium soit tôt ou
» tard introduit dans l'industrie. Il suffira sans doute de
» modifier fort peu les procédés que j'ai décrits pour les
» rendre applicables à la production économique de l'alu-
» minium. »

Je désire dans cet ouvrage faire connaître complète-
ment où en est aujourd'hui la fabrication de l'aluminium;
je désire aussi exposer les différentes méthodes qui ont
été suivies, quoique quelques-unes d'entre elles aient
été abandonnées. Les fautes elles-mêmes seront utiles
à connaître, parce qu'elles portent avec elles toujours un
enseignement et quelquefois le germe d'améliorations
nouvelles. Mais je désire avant tout que mes lecteurs soient
mis au courant des beaux travaux de l'homme qui m'a
précédé dans l'étude de cette question.

Historique. — Je dirai avec plaisir que je considère comme une fortune inespérée d'avoir pu faire quelques pas de plus dans une voie qu'a ouverte l'illustre successeur de Berzelius en Allemagne. Il fallait, en effet, que la question présentât des difficultés d'un ordre tout spécial pour qu'elle ne sortît pas épuisée des mains de M. Wöhler; et tout ce que j'ai vu de plus que lui, et c'est peut-être bien peu de chose, vient de ce que j'ai opéré sur des masses plus considérables de métal que les travaux de MM. Brunner, Mitscherlich, Donny et Mareska, sur le potassium, m'ont seuls permis de me procurer.

C'est en 1827 que M. Wöhler découvrit l'aluminium. Dans ce premier travail se trouve exposée la méthode mémorable qu'il employa et que nous n'avons fait encore aujourd'hui qu'agrandir et perfectionner. Dans un Mémoire plus complet, publié en 1845, le métal fut étudié par M. Wöhler avec une perfection inouïe et un mérite extraordinaire, quand on pense que, arrêté par des difficultés matérielles de toute sorte, par le prix élevé du potassium à cette époque, le chimiste ne pouvait se procurer qu'une poussière à peine métallique et des globules dont les plus gros avaient le volume d'une tête d'épingle. J'avoue volontiers que j'ai possédé pendant plus d'un an dans mon laboratoire des quantités considérables, pour l'époque, de cette poudre grise, qu'il ne m'a été possible de réunir en un culot que par le plus grand hasard et après des essais de toute espèce. Un peu de sodium, un peu de platine ou de silicium dont les propriétés étaient à peu près inconnues alors, un peu de chlorure d'aluminium, empêchaient d'une manière absolue que l'aluminium se comportât comme un métal ordinaire. Voici le passage de mon Mémoire où je fais allusion à ces faits :

« Si l'on prend de l'aluminium préparé suivant les

» prescriptions de M. Wöhler, bien lavé et bien séché,
» si on l'introduit dans un tube de verre chauffé au rouge
» et préalablement rempli d'hydrogène, et si l'on fait
» passer sur le métal de la vapeur de chlorure d'alumi-
» nium, entraînée par un courant d'hydrogène, on voit
» bientôt distiller une matière huileuse qui se concrète à
» une température de 150 à 200 degrés : c'est du chlo-
» rure double d'aluminium et de sodium, que j'ai ana-
» lysé. A la fin de l'expérience on trouve dans le tube une
» matière différant entièrement de l'aluminium spon-
» gieux. C'est un métal bien fondu, réuni en grosses
» gouttelettes, et il est alors absolument dénué de sodium.
» Cette expérience. que j'avais faite, au début de mon tra-
» vail, en vue de produire un protochlorure d'aluminium,
» en m'éclairant sur les véritables propriétés du métal,
» m'a fourni un mode de purification et indiqué les condi-
» tions nécessaires. pour l'obtenir avec toutes les qualités
» que j'ai énumérées plus haut. »

On se figurera encore mieux les difficultés spéciales que
peut présenter la préparation de l'aluminium à l'état de
pureté absolue, quand on saura que, même en fondant
10 kilogrammes d'aluminium à la fois dans un creuset, il
faut des soins minutieux pour le débarrasser des scories
qui l'accompagnent dans sa fabrication.

Aluminium par la pile. — Du moment que je connus
bien nettement les propriétés de l'aluminium, et ce fut
dans les premiers mois de l'année 1854, je songeai à
trouver une méthode économique pour arriver à le fabriquer industriellement. Guidé par les beaux travaux de
M. Bunsen sur la décomposition électrique du chlorure
de magnésium, j'essayai d'abord la réduction de l'aluminium par la pile, ce qui réussit très-bien ; mais évidem-

ment à cause du faible équivalent de l'aluminium par rapport au zinc, cette méthode devait donner au métal un prix de revient considérable.

Sodium. — Il fallait donc revenir à la méthode des métaux alcalins, à la méthode de M. Wöhler dont je devais, dès lors, successivement étudier toutes les parties dans des expériences faites au moins sur une échelle moyenne.

C'est vers le milieu de l'année 1854 que je songeai au sodium, sans connaître toutes ses propriétés qui le rendent si préférable au potassium, mais seulement à cause du faible équivalent, 23, du sodium par rapport à l'équivalent, 39, du potassium, et de la valeur commerciale des sels à base de soude.

J'étudiai d'abord la fabrication du sodium dans mon laboratoire avec l'aide de M. Debray. Mes expériences furent répétées pour la première fois dans l'usine de MM. Rousseau frères, où le sodium fut, par la nouvelle méthode, fabriqué en telle quantité, que ces Messieurs le mirent dans le commerce dès cette époque, à un prix extrêmement réduit. Ces essais m'ont été d'une extrême utilité, et j'ai été fort heureux de le reconnaître dans une note que j'ai insérée dans mon Mémoire sur la fabrication du sodium, et que je transcris ici :

« Depuis que j'ai entrepris ces expériences, MM. Rous-
» seau frères ont bien voulu les appliquer sur une assez
» grande échelle dans leur fabrique de produits chimi-
» ques. Je leur dois des observations précieuses que la
» pratique leur a enseignées, et depuis ils ont perfec-
» tionné dans quelques détails importants la production
» du sodium; ils m'ont ainsi démontré de la manière la
» plus certaine la possibilité de donner à vil prix ce métal

» à l'industrie, le jour où elle le leur demandera en quan-
» tités un peu considérables. »

Dès ces premiers essais, j'entrevis la possibilité d'arriver à la fabrication industrielle d'un métal dont les propriétés physiques et chimiques, alors à peine connues et si différentes des propriétés du potassium, permettaient le maniement le plus facile et l'emploi sur une grande échelle.

Expériences de Javel. — Vers le commencement de l'année 1855, M. Dumas, qui a bien voulu m'aider en toute circonstance par ses conseils et son appui, m'encouragea beaucoup à suivre la question industrielle que j'avais dès lors entamée. Grâce à sa bienveillante intervention, S. M. l'Empereur daigna m'appeler auprès d'elle, et m'annoncer qu'elle mettait à ma disposition tous les fonds qui seraient nécessaires à une pareille entreprise.

Je me mis à l'œuvre et je pus m'installer dans un hangar appartenant à l'usine des produits chimiques de Javel et que le directeur, M. de Sussex, avait bien voulu mettre à ma disposition.

Après quatre mois de travaux en grand, entrepris sans responsabilité de ma part, par conséquent avec la tranquillité et le repos d'esprit qui manquent souvent à l'industriel, sans la préoccupation des dépenses supportées par S. M. l'Empereur, dont la générosité m'avait laissé toute latitude, encouragé chaque jour par un homme de science distingué, M. le colonel Favé, officier d'ordonnance de l'Empereur et professeur à l'École Polytechnique, j'espère avoir fait avancer la question économique, et je dirai dans la suite où je l'ai laissée à la date du 29 juin 1855, époque à laquelle mes opérations ont été interrompues.

Mes expériences furent décrites dans un Mémoire qui fut publié en 1856, et dans lequel tous les résultats que j'avais obtenus à Javel aux frais de l'Empereur et tous les perfectionnements que j'avais réalisés depuis dans mon laboratoire furent consignés : ils appartiennent intégralement au public.

Fabrique à Rouen. — A peu près à la même époque, M. Chanu, un des plus honorables fabricants de Rouen, fonda une usine dans laquelle mes procédés devaient être appliqués et qui fut établie à Amfreville-la-Mi-Voie, près Rouen. La direction en fut confiée à MM. Charles et Alexandre Tissier, jeunes chimistes attachés au laboratoire de la manufacture de Javel, quand j'y commençai mes expériences. Après avoir assisté pendant deux mois environ à l'établissement de mes appareils, forcés de quitter l'usine à la suite de mésintelligences survenues entre eux et M. de Sussex, ils furent admis dans mon laboratoire de l'École Normale et initiés par moi-même à la connaissance de tous les procédés qu'ils devaient appliquer plus tard.

Cryolite. — C'est un peu après que fut étudiée dans mon laboratoire, sur la demande de M. Chanu et de MM. Tissier, la décomposition par le sodium d'un minéral tout récemment introduit sous le nom de *soude minérale* ou de *cryolite* sur les marchés industriels de Danemark et de Prusse. M. le Dr Percy à Londres, puis M. H. Rose à Berlin, avaient déjà reçu une certaine quantité de ce curieux minéral et en avaient extrait de l'aluminium par un procédé très-simple. Les recherches effectuées dans mon laboratoire avec l'aide de MM. Morin et Debray furent publiées dans mon second Mémoire sur l'aluminium, et elles sont devenues l'une des bases du nouveau procédé actuellement suivi pour la fabrication de l'aluminium.

Fabrique à la Glacière. — Au printemps de l'année 1856, l'usine de Rouen fut fermée, et je résolus de ne pas laisser tomber sans solution le problème que j'avais posé à l'industrie. C'est alors seulement que je m'associai à M. Debray, à M. Paul Morin et à MM. Rousseau frères, fabricants de produits chimiques à la Glacière, pour continuer les expériences de Javel avec la coopération de ces Messieurs et dans leur usine où déjà on fabriquait de l'aluminium depuis le commencement de l'exposition de 1855. Nous avons employé au profit de l'œuvre commune un capital fourni par nous seuls et un travail continu de plus d'une année pendant laquelle fut fondé un ensemble de procédés qui seront décrits dans le courant de cet ouvrage. A la suite de ces essais commencés au printemps de 1856, le prix de l'aluminium put être diminué de plus des deux tiers de la valeur qu'il avait alors, et put être vendu à Paris au prix de 300 francs. Ce résultat capital pour l'avenir de la nouvelle industrie fut obtenu par nous vers le mois d'août 1856.

Nouvelle fabrique à Rouen. — Dans cet intervalle, une société, à la tête de laquelle se trouve un capitaliste très-éclairé de Rouen, M. W. Martin, reconstitua l'usine d'Amfreville sous la direction de MM. Tissier frères.

Usine à Nanterre. — Enfin, au mois d'avril 1857, la petite usine de la Glacière, placée dans un faubourg de Paris, au milieu de maisons et de jardins maraîchers et versant dans l'atmosphère des fumées chargées de soude et de chlore, fut obligée, par suite des plaintes générales, de cesser sa fabrication d'aluminium. Elle fut transportée à Nanterre, où elle est établie aujourd'hui sous la direction de M. Paul Morin sur une échelle assez grande pour pouvoir fournir à une consommation quadruple au moins de la consommation actuelle. Ce progrès considérable, auquel on devra peut-être l'avenir de l'aluminium, s'il doit en avoir un, est dû à la coopération d'un petit nombre de personnes dont quelques-unes sont mes frères et mes parents et qui ont fait avec moi les frais de cette nouvelle entreprise.

Qu'il me soit permis de citer ici par reconnaissance M. d'Eichtal, qui voulut bien nous donner son appui, malgré les incertitudes de réussite qu'il n'ignorait pas, et sans doute à cause du désir qu'il avait de servir les intérêts de la science à laquelle il a été déjà si utile.

Enfin, M. Lechatelier, ingénieur en chef des Mines, M. Jacquemart, ancien élève de l'École Polytechnique et l'un des principaux fabricants d'alun du département de l'Aisne et moi, nous avons étudié ensemble toutes les parties scientifiques et industrielles dont la solution intéressait la nouvelle fabrication.

Voilà en quelques mots l'histoire de cette industrie naissante que beaucoup de personnes trouveront peut-être trop près de son berceau pour mériter les honneurs d'une publication de ce genre. J'avouerai sincèrement que c'est un peu mon avis, et que je ne me suis décidé à prendre la plume pour parler de mon œuvre que pour éviter de la voir amoindrie et défigurée comme elle l'a été dernièrement dans un livre écrit par MM. Tissier frères sur l'aluminium.

J'ai cru devoir ajouter un chapitre très-court relatif à une matière d'un certain intérêt industriel que l'on peut préparer avec l'aluminium: il s'agit du diamant de bore dont l'éclat et la beauté pourraient le faire servir comme pierre précieuse si on l'obtenait en gros cristaux, mais qui certainement peut être utilisé dès aujourd'hui, à cause de sa dureté qui permet de l'employer à la taille du diamant et des pierres dures.

DE

L'ALUMINIUM.

CHAPITRE PREMIER.

PROPRIÉTÉS PHYSIQUES DE L'ALUMINIUM.

Couleur. — L'aluminium est un métal d'un beau blanc tirant légèrement sur le bleu, surtout lorsqu'il a été fortement écroui. Pour juger sa véritable couleur, il faut prendre une médaille bien frappée, après avoir été recuite et décapée dans l'acide nitrique, comme le fait aujourd'hui M. Enfert, contrôleur des médailles à la Monnaie de Paris. Si on la met à côté d'une médaille d'argent, les deux surfaces métalliques étant parfaitement comparables, on peut voir que la différence de leurs couleurs est sensiblement nulle. Cependant l'argent, et surtout l'argent allié au cuivre d'après les expériences de M. Prévost, de Genève, est coloré en jaune, couleur qui devient très-manifeste lorsqu'on fait réfléchir plusieurs fois la lumière sur des lames d'argent polies et convenablement inclinées les unes sur les autres. L'étain est encore plus jaune que l'argent, de sorte que l'aluminium possède une coloration propre qui n'est assimilable à la couleur d'aucun autre métal usuel.

Mat. — L'aluminium, comme l'argent, peut prendre un très-beau mat qui se conserve indéfiniment à l'air. On l'obtient facilement en plongeant un instant les surfaces dans de la soude caustique, très-diluée, lavant à grande eau et laissant enfin digérer dans de l'acide nitrique fort. Dans ces conditions, toutes les matières étrangères qui peuvent souiller sa pureté, excepté le silicium quand il est en forte proportion, se dissolvent et laissent l'aluminium bien blanc et avec un aspect très-agréable. C'est ainsi qu'on prépare les groupes et les objets ciselés dont les détails apparaissent alors avec une grande pureté et une douceur de ton qui est fort estimée par les personnes qui se servent de l'aluminium pour en faire des objets d'art.

Poli, bruni. — L'aluminium peut se polir et se brunir facilement, mais il faut employer, comme matière intermédiaire entre la pierre qui brunit ou la poudre qui sert au polissage, un mélange d'acide stéarique et d'essence de térébenthine ; on finit avec l'essence de térébenthine pure. En général, les surfaces polies sont d'une couleur moins agréable que les surfaces mates. La teinte bleuâtre de l'aluminium devient plus manifeste. D'ailleurs, en tout ceci, l'expérience et la pratique des ouvriers sont loin d'être complètes ; chaque métal exigeant un mode de travail spécial, on doit attendre encore pour une substance aussi nouvelle des progrès qui semblent se réaliser tous les jours.

Odeur. — L'odeur de l'aluminium pur est sensiblement nulle ; mais le métal fortement chargé de silicium peut exhaler l'odeur de l'hydrogène silicié, exactement représentée par l'odeur de la fonte de fer. Même dans ces circonstances défavorables, l'odeur du métal n'est appréciable que pour les personnes prévenues et habituées à apprécier les plus légères sensations en ce genre.

Saveur. — La saveur de l'aluminium pur est également nulle : mais tout aluminium impur et odorant doit avoir un *goût de fer*, en tous cas peu prononcé.

Malléabilité. — L'aluminium se forge à chaud comme à froid, avec autant de perfection que l'or et l'argent. Il se conduit au laminoir aussi bien qu'eux, et un très-habile batteur d'or, M. Rousseau, a fait des feuilles d'aluminium aussi fines que ces feuilles d'or ou d'argent que l'on met en cahier et qui servent à la dorure ou à l'argenture par application. Je ne sache pas qu'aucun autre métal usuel puisse supporter cette épreuve.

Avant de faire passer un barreau d'aluminium au laminoir, il est bon de préparer le métal en le forgeant dans tous les sens et en commençant l'étirage au marteau.

Dans cette opération on recuit l'aluminium au rouge très-sombre, et on chauffe la lame métallique jusqu'à ce que la trace noire, laissée sur la surface par une goutte d'huile qu'on y dépose et qui se carbonise, ait entièrement disparu.

Ductilité. — L'aluminium se conduit très-bien à la filière. M. Vaugeois a obtenu en 1855, avec un métal qui était loin d'être irréprochable, des fils d'une extrême ténuité, destinés à des essais de passementerie en aluminium ; seulement l'aluminium s'écrouit considérablement dans cette opération et les fils ne prennent de la souplesse qu'après un recuit très-délicat, à cause de la ténuité des fils et de la fusibilité du métal ; la chaleur du courant d'air qui sort d'une lampe d'Argant, au-dessus de sa cheminée de verre, est suffisante pour ce recuit.

Élasticité, ténacité, dureté. — L'élasticité de l'aluminium, d'après M. Wertheim, est sensiblement la même que celle de l'argent; sa ténacité est aussi à peu près la même. Au moment où il vient d'être coulé, l'aluminium a la dureté de l'argent vierge à peu près; quand il est écroui, il ressemble presque à du fer doux, devient élastique en prenant beaucoup de rigidité et en rendant le son de l'acier quand on le laisse tomber sur un corps dur.

Sonorité. — Une propriété très-curieuse, et que l'aluminium manifeste avec d'autant plus d'intensité qu'il est plus pur, c'est une sonorité excessive qui fait qu'un lingot d'aluminium, suspendu à un fil fin et frappé d'un coup sec, produit le son d'une cloche de cristal. M. Lissajous, qui a constaté avec moi cette propriété, en a profité pour construire avec de l'aluminium des diapasons qui vibrent fort bien.

J'ai essayé aussi de faire couler une cloche en aluminium qui a été envoyée à l'Institution royale de Londres, à la demande de mon honorable ami le Rév. J. Barlow, vice-président et secrétaire de l'Institution. Cette cloche, fondue sur un modèle qui ne convenait pas aux qualités du métal, donnait un son aigu d'une intensité considérable, mais qui ne se prolongeait pas, comme si le battant ou le support de la cloche éteignait le son qui, ainsi modifié, était loin d'être agréable. Le son produit par les lingots est au contraire très-pur et très-prolongé.

Dans des expériences faites au laboratoire de M. Faraday, le célèbre physicien m'a fait remarquer que le son produit par le barreau d'aluminium n'était pas unique. On constate facilement, en faisant tourner le lingot vibrant, deux sons très-voisins et qui se succèdent rapidement, suivant que l'une ou l'autre de ses deux faces non parallèles passe devant l'oreille.

Densité. — L'aluminium est de beaucoup plus léger

qu'aucun des métaux usuels, et la sensation qu'on éprouve en maniant un lingot de ce métal cause toujours un vif étonnement, même quand on est prévenu de cette particularité. Sa densité est 2,56. Par l'action du laminoir, cette densité s'accroît considérablement, de manière à devenir égale à 2,67, et indique un rapprochement considérable des molécules, ce qui explique les différences qui existent entre les propriétés physiques du métal suivant qu'il est recuit ou écroui. Chauffée à 100 degrés et refroidie, la matière change fort peu sous ce rapport, car sa densité est encore 2,65.

Voici le tableau des densités comparées des métaux et de l'aluminium.

Métaux.	Densité.	Rapport à la densité de l'aluminium.
Platine	21,5	8,6
Or	19,3	7,7
Plomb. . . .	11,4	4,8
Argent. . . .	10,5	4,2
Cuivre. . . .	8,9	3,6
Fer.	7,8	2,9
Étain	7,3	2,8
Zinc.	7,1	2,8
Aluminium.	2,5	1,0

Depuis que l'aluminium est dans le commerce, il s'est vendu à un prix très-élevé. Aujourd'hui on en livre des quantités relativement considérables à 300 francs le kilogramme, c'est-à-dire un peu plus cher que l'argent. Mais à cause de la différence de leurs densités, l'aluminium et l'argent ayant la même valeur, le premier est en réalité quatre fois moins cher que le second à volume égal, et à volume égal l'aluminium possède une rigidité plus grande que l'argent. Aussi aujourd'hui l'aluminium peut

être considéré comme coûtant 75 francs le kilogramme
par rapport à l'argent qui vaut 220 francs.

Fusibilité. — L'aluminium fond à une température
plus élevée que le zinc, plus basse que l'argent, en se
rapprochant peut-être plus du zinc que de l'argent : c'est
donc un métal très-fusible.

**Précautions à prendre pour fondre l'alumi-
nium.** — Pour fondre de l'aluminium, il faut employer
un creuset ordinaire en terre et n'ajouter aucune espèce
de fondant. Les fondants sont toujours inutiles et presque
toujours nuisibles. Les propriétés chimiques si extraor-
dinaires de ce métal en sont la cause : il attaque très-
vivement le borax et le verre dont on serait tenté de le
recouvrir pour éviter son oxydation. Heureusement cette
oxydation ne se produit pas, même à une température
élevée. Quand sa surface est bien dépouillée de toutes les
impuretés adhérentes aux lingots ou aux creusets, elle ne
se ternit pas. L'aluminium est excessivement lent à fondre,
tant à cause de sa chaleur spécifique qui est considérable
que de sa chaleur latente qui paraît aussi très-grande. Il
faut faire un peu moins de feu que pour fondre l'argent
et attendre. On peut très-bien opérer à creuset découvert. Quand on fond des morceaux d'aluminium, il suffit,
pour les réunir, d'agiter le creuset ou de comprimer la
masse métallique avec une barre cylindrique de fonte
qu'on a bien soin de ne pas nettoyer avant de s'en servir.
C'est ainsi qu'il faut s'y prendre pour refondre les
limailles, tournures et autres déchets. On sépare autant
qu'on peut les métaux étrangers, et pour éviter d'opérer
leur combinaison avec l'aluminium, on chauffe le métal
divisé à une température aussi faible que possible, mais
suffisante pour le fondre. L'huile, les matières organi-

ques brûlent, laissant une cendre qui mettrait obstacle à la réunion du métal, si on n'avait soin de le presser fortement avec la barre de fonte de fer. Le métal coule dès lors très-facilement, et on trouve au fond du creuset un peu de cendres dans lesquelles il y a encore une certaine quantité d'aluminium en globules. On les sépare facilement en les écrasant dans un mortier, et en les passant ensuite sur un tamis qui retient les globules aplatis.

Moulage. — On coule l'aluminium avec la plus grande facilité dans des moules métalliques, et mieux dans le sable pour les objets de forme compliquée.

Le moule doit être très-sec, fait avec un sable poreux, et doit laisser passer facilement l'air expulsé par le métal, qui est visqueux quand il est fondu. Le nombre des évents doit être très-grand, et enfin on doit ménager un jet long et parfaitement cylindrique. L'aluminium chauffé au rouge doit être versé assez rapidement : on fait couler un peu de métal fondu sur le jet même quand il est rempli, pour fournir à la contraction de la matière au moment où elle se solidifie.

En général, cette précaution doit être prise même quand on coule en lingotières de fonte ou de toute autre substance. Les lingotières fermées sont celles qui donnent le meilleur métal pour le travail du laminoir.

En suivant toutes ces précautions, on peut obtenir des moulages d'une très-grande finesse ; mais il ne faut pas se dissimuler que, pour réussir complétement et à coup sûr dans ces sortes d'opérations, il faut pour l'aluminium, comme pour les autres métaux, une connaissance spéciale de la matière, que la pratique seule peut donner.

Dans la fusion de l'aluminium impur, on peut observer des phénomènes très-différents, suivant la nature de la matière étrangère qui le souille. Le métal ferrugineux laisse souvent une carcasse moins fusible assez riche en fer. C'est une liquation qui s'est opérée au profit de la pureté de la matière fondue.

Quand l'aluminium contient du silicium, cette liquation n'est plus possible ou au moins elle est très-difficile, et j'ai vu autrefois dans le commerce des échantillons très-siliceux que les ouvriers ne pouvaient plus refondre. Mais aujourd'hui l'aluminium que l'on fabrique est beaucoup plus pur.

Fixité. — L'aluminium est absolument fixe, et ne perd aucune partie de son poids lorsqu'il est violemment chauffé au feu de forge dans un creuset de charbon.

Conductibilité électrique. — Les nombres que l'on trouve dans les Traités de Physique pour représenter la conductibilité électrique des métaux, varient extrêmement suivant les auteurs de ces déterminations, certainement à cause de la variabilité extrême des métaux dans leur pureté et dans leurs propriétés physiques.

Il est très-difficile en effet de se procurer des métaux absolument purs ou comparables entre eux, très-difficile également de fabriquer un fil qui puisse être considéré comme un cylindre *continu* dans toute sa longueur.

Pour l'aluminium, cette observation est particulièrement vraie : car, à cause de sa légèreté même, il peut retenir dans sa substance une certaine quantité des fondants ou des matières qui ont servi à le préparer, à moins que ces matières elles-mêmes ne soient très-volatiles et qu'on ne les ait chassées par une forte chaleur. C'est dans ce dernier cas que se trouve l'aluminium préparé avec le chlorure tel que je l'ai employé pour les expériences que je vais décrire.

L'aluminium conduit l'électricité avec une perfection extrême, de manière qu'il doit être considéré comme un des meilleurs conducteurs connus et peut être même comparé sous ce rapport à l'argent. La détermination de sa conductibilité a été faite au moyen de l'appareil de M. Wheatstone et en cherchant quelles étaient les dimensions d'un fil de fer de clavecin et d'un fil d'aluminium qui opposaient au passage de l'électricité la même résistance ; j'ai trouvé pour le fil de fer :

$$\text{Longueur} \ldots \ldots \quad 655^{mm}$$
$$\text{Diamètre} \ldots \ldots \ldots \quad 0^{mm},762$$

Pour le fil d'aluminium :

$$\text{Longueur} \ldots \ldots \quad 660^{mm}$$
$$\text{Diamètre} \ldots \ldots \ldots \quad 0^{mm},270$$

On déduit de ces expériences que l'aluminium conduit l'électricité huit fois mieux que le fer.

M. Buff est arrivé à des résultats différant évidemment des miens, quoique nous n'ayons pas pris le même terme de comparaison. Cela tient sans doute à ce que le métal qu'il a employé dans ses déterminations contenait, comme il est facile de le démontrer dans un grand nombre d'échantillons, un peu de la cryolite et des matières fusibles dont la densité est très-voisine de celle de l'aluminium, et au milieu desquelles il a obtenu son métal. Cette séparation du métal et de son fondant est, en effet, une opération mécanique présentant certaines difficultés, sur laquelle j'insisterai plus tard à l'article de la fabrication et dont il est inutile de se préoccuper quand ce fondant est volatil. C'est là une condition à laquelle il faut se soumettre quand on veut obtenir de l'aluminium absolument pur.

Conductibilité pour la chaleur. — On admet en général que la conductibilité électrique et la conductibilité pour la chaleur se correspondent exactement dans les divers métaux. Une expérience très-simple, que M. Faraday a faite avec moi dans son laboratoire, semble en effet devoir assigner à l'aluminium un rang très-élevé parmi les métaux conducteurs. Si on échauffe un fil de cuivre, un fil d'argent et un fil d'aluminium qui viennent se croiser en un point, en ayant soin de porter uniquement sur ce point l'action de la chaleur, on pourra, en mettant une petite balle de cire à égale distance de ce centre, déterminer le rang de ces trois métaux dans l'échelle de conductibilité en notant le moment où la balle de cire se détache en fondant du fil métallique qui la soutient. On a pu voir ainsi que la balle de cire du fil d'aluminium a fondu la première, puis celle du fil d'argent, et enfin celle du fil de cuivre a fondu la dernière. Ces métaux sont ainsi classés, grossièrement il est vrai, par rapport à leur conductibilité pour la chaleur.

Chaleur spécifique. — D'après les expériences de M. Regnault, la chaleur spécifique de l'aluminium correspond à son équivalent 13,75, d'où l'on conclut qu'elle est très-grande par rapport à tous les métaux usuels. On s'aperçoit facilement de cette propriété curieuse par le temps considérable qu'exige un lingot d'aluminium pour se refroidir. On peut même dire qu'une plaque épaisse de ce métal, fortement chauffée, ferait l'office d'un excellent réchaud. Une autre expérience rend frappante cette conclusion. M. Paul Morin eut l'idée d'employer l'aluminium comme plat pour faire cuire les œufs dont le soufre attaque si facilement l'argent, et il obtint d'excellents résultats. Mais il remarqua de plus que le plat se maintenait chaud pendant un temps bien plus long que d'habitude. Cette propriété exceptionnelle pourra, j'espère, être utilisée.

Forme cristalline. — L'aluminium présente souvent un aspect cristallin quand il a été refroidi lentement. Quand il n'est pas pur, les petits cristaux qui se forment sont aiguillés et s'entre-croisent dans tous les sens. Quand il est presque pur, il cristallise encore par fusion, mais difficilement, et on peut observer, à la surface des lingots, des hexagones qui paraissent réguliers avec des rayons qui se prolongent jusqu'au centre du polygone. C'est à tort qu'on conclurait de cette observation que l'aluminium cristallise dans le système rhomboédrique. Il est clair qu'un cristal du système régulier peut présenter une coupe hexagonale, et, d'un autre côté, en préparant l'aluminium par la pile à basse température, j'ai observé des octaèdres complets dont la mesure était, il est vrai, impossible, mais dont les angles paraissaient égaux.

Magnétisme. — J'ai trouvé, comme MM. Poggendorff et Riess, que l'aluminium était très-faiblement magnétique.

CHAPITRE II.

PROPRIÉTÉS CHIMIQUES.

Observations générales. — Les propriétés chimiques de l'aluminium que l'on trouvera exposées dans mon Mémoire (*Annales de Chimie et de Physique*, tome XLIII, page 5), ont été étudiées sur des échantillons parfaitement purs dont le mode de préparation sera décrit plus loin. Depuis cette époque on a mis dans le commerce du métal plus ou moins impur qui témoigne seulement de l'imperfection des procédés d'une industrie naissante. Aujourd'hui la fabrication s'est améliorée considérablement, et cependant l'aluminium du commerce ne pourrait pas encore servir de type pour la constatation des propriétés chimiques du métal, pas plus que l'argent allié de cuivre qui est consacré aux usages de la vie ordinaire ne pourrait donner une idée exacte des réactions chimiques de l'argent.

Action de l'air. — L'action de l'air sec ou humide est absolument nulle sur l'aluminium, et c'est là une des propriétés les plus précieuses du métal sur lesquelles on s'est fondé pour ses emplois actuels. Aucune observation parvenue à ma connaissance n'est venue contredire cette assertion, dont la preuve matérielle est actuellement entre les mains de tout le monde. J'en citerai quelques exemples s'appliquant à de l'aluminium, même impur, tel qu'il était préparé en 1855 dans mon atelier de Javel. M. Collot, habile constructeur de balances, a fabriqué au mois d'août 1855 un fléau de balance qui est resté dans son atelier pendant trois ans, manié par tout le monde, exposé aux émanations de toute sorte auxquelles l'argent ne résiste pas, et il ne porte aujourd'hui aucune trace d'altération.

Il en est de même d'une lame de plaqué d'aluminium sur cuivre fabriquée par M. Savard et qui n'a rien perdu de son éclat dans une des armoires de mon laboratoire, tandis que le cuivre sur lequel l'aluminium est appliqué est devenu presque noir.

Une lame d'aluminium polie, exposée pendant les mois de l'automne et de l'hiver constamment et sans abri à l'action de l'air et de la pluie, n'a pas subi l'altération la plus légère.

L'air des grandes villes contient des quantités notables d'hydrogène sulfuré, surtout dans les lieux éclairés au gaz. L'argent y perd sa couleur et son poli avec une rapidité extrême. Un réflecteur en plaqué d'aluminium a été appliqué à un bec de gaz contenu dans une lanterne et servant à éclairer la porte d'entrée de l'hôtel de la Compagnie du Crédit mobilier; il a été exposé par conséquent à l'action simultanée de l'eau, de l'hydrogène sulfuré à une haute température, car la flamme venait souvent le toucher, et pendant le temps très-long qu'a duré l'expérience sans que le réflecteur ait été nettoyé, celui-ci n'a subi aucune altération appréciable. De l'argent placé à côté était devenu tout à fait noir.

Nous avons vu que l'on pouvait fondre impunément l'aluminium à l'air. Ainsi l'air et par suite l'oxygène ne lui font subir aucune altération sensible : il résiste à cet agent à la température la plus élevée que j'aie pu produire dans un fourneau de coupelle, température bien supérieure à celle que nécessitent les essais d'or. Cette expérience est frappante, surtout lorsque le culot métallique est enveloppé d'une couche d'oxyde qui le ternit : la dilatation du métal fait jaillir de sa surface des gouttelettes brillantes qui ne perdent pas leur éclat, malgré l'atmosphère oxydante qui les entoure. M. Wöhler avait déjà remarqué cette propriété, en essayant de fondre le métal au chalumeau. M. Peligot en a profité pour coupeller l'aluminium. J'ai vu des boutons d'aluminium impur qu'il avait passés à la coupelle avec du plomb et qui étaient devenus très-malléables.

Avec de l'aluminium pur, la résistance du métal à l'oxydation directe est tellement considérable, qu'à la température de fusion du platine développée par le chalumeau à gaz tonnants, elle est à peine appréciable et le métal ne perd pas son éclat. Il est bien entendu que les métaux plus oxydables lui enlèveraient en partie cette propriété : mais le silicium lui-même, qui est fort peu oxydable comme l'aluminium, allié avec lui, le fait brûler avec beaucoup d'éclat, parce qu'il peut se former alors un silicate d'alumine. Voici à ce sujet une expérience que j'ai faite souvent à mon cours de la Sorbonne. On met un peu de verre pulvérisé sur un têt, et au milieu un globule d'aluminium qu'on chauffe directement, sans qu'il s'oxyde, avec le dard du chalumeau à gaz oxygène et hydrogène. Mais si l'on fond le verre environnant et qu'on entoure pendant quelques instants de verre fondu le globule d'aluminium, celui-ci se charge peu à peu de silicium, et quand la proportion est suffisante, l'aluminium silicé s'enflamme et brûle avec un éclat très-remarquable, au moment où avec la flamme du chalumeau on découvre le bain métallique.

Action de l'eau. — L'eau n'a aucune action sur l'aluminium ni à la température ordinaire comme on l'a toujours admis, ni à la température de l'ébullition, ni même à une température rouge voisine du point de fusion du métal.

A 100 degrés. — J'ai fait, pour bien constater ce fait, les expériences suivantes. Un fil d'aluminium très-fin pesant $149^{\text{milligr}},8$ a été laissé pendant plus d'une demi-heure dans de l'eau bouillante contenue dans un vase de verre : sa surface n'a pas été ternie, l'eau n'a pas perdu sa limpidité, et le fil remis sur la balance n'avait pas changé de poids. Pendant l'ébullition, toutes les bulles de vapeur se forment sur l'aluminium qui, étant fort léger, s'agite beaucoup dans la liqueur : on croirait facilement à un dégagement d'hydrogène. Mais avec le platine les mêmes apparences se produisent, et les bulles de vapeur se dégagent encore autour du métal bien long-temps après qu'on a retiré le vase du feu.

Au rouge. — Le même fil d'aluminium introduit dans un tube de verre chauffé au moyen d'une lampe à alcool et traversé par un courant de vapeur n'éprouve au bout de plusieurs heures aucune altération qui soit appréciable, soit par la perte de son éclat, soit par une augmentation de poids.

Au blanc. — Pour obtenir une action sensible, il faut opérer à la température la plus élevée que puisse produire un fourneau à réverbère, surmonté d'un tuyau de tôle d'un mètre environ de longueur. Même alors l'oxydation est si faible, qu'elle ne se développe que par places et en produisant des quantités presque négligeables d'alumine blanche : on retire de la nacelle de porcelaine, qui est un peu attaquée par le métal, des globules d'aluminium très-brillants qui évidemment n'ont subi aucune altération. On pourrait craindre que les traces d'acide carbonique qui se dégagent au sein de l'eau, même après une longue ébullition, n'aient compliqué le phénomène et faussé l'observation. Cependant cette légère altération et les analogies du métal peuvent faire admettre une décomposition de l'eau, mais très-faible. Je dois avertir encore que pour toutes ces expériences j'ai dû éviter avec le plus grand soin l'emploi d'un métal renfermant du sodium ou des fluorures alcalins, comme il arrive souvent avec l'aluminium extrait sans précautions excessives de la cryolite par le procédé du Dr Percy et de M. Rose, ou bien d'un métal souillé de scorie composée de chlorures d'aluminium et de sodium, quand on emploie le procédé de M. Wöhler. En effet, le chlorure d'aluminium, en présence de l'eau, fait fonction d'acide par rapport au métal, et il se dégage de l'hydrogène avec production d'un sous-chlorydrate d'alumine soluble dans l'eau et dont la composition ne m'est pas encore connue, ou bien d'un autre composé insoluble dont l'existence est mise hors de doute par l'expérience suivante. Si on plonge un fil d'aluminium dans de l'acide chlorhydrique étendu et qu'on l'en retire aussitôt, on voit se produire à sa surface une végétation de matière blanche qui détruit une quantité considérable de métal et sans absorption d'oxygène de l'air; car, sur le mercure et dans une atmosphère limitée, le phénomène continue, non-seulement sans qu'il y ait diminution de pression, mais encore en s'accompagnant d'un faible abaissement du niveau du mercure.

Quand l'aluminium est terni par l'eau dans ces conditions, on est sûr que l'eau, après l'ébullition, précipitera le nitrate d'argent par suite de la présence d'un chlorure.

Hydrogène sulfuré. — L'hydrogène sulfuré n'exerce aucune action sur l'aluminium, comme on peut le prouver en laissant le métal au contact d'une dissolution de l'acide. Dans ces circonstances, presque tous les métaux et surtout l'argent sont noircis avec une rapidité extrême. On peut faire évaporer sur une lame d'aluminium du sulfhydrate d'ammoniaque qui ne laisse sur le métal qu'un dépôt de soufre que la moindre chaleur fait disparaître.

Soufre. — On peut chauffer au rouge de l'aluminium dans un tube de verre au milieu de la vapeur de soufre sans que le métal soit altéré. Cette résistance est même telle, qu'en fondant ensemble du polysulfure de potassium et de l'aluminium cuivreux ou ferrugineux, le cuivre et le fer s'attaquent sans que l'aluminium éprouve d'atteinte sensible. Malheureusement ce mode de purification n'est pas susceptible d'être employé, à cause de la protection qu'exerce l'aluminium sur le métal étranger. Dans les mêmes circonstances, l'or et l'argent se dissoudraient avec la plus grande facilité. Cependant, à une très-haute température, j'ai observé que l'aluminium se combinait directement au soufre pour donner du sulfure d'aluminium. Nous verrons un peu plus loin comment ces propriétés si variables avec la température forment un des caractères spéciaux de l'aluminium et de ses congénères.

Acide sulfurique. — L'acide sulfurique, étendu dans les proportions les plus convenables pour attaquer les métaux qui décomposent l'eau, n'exerce aucune action sur l'aluminium, et le contact d'un métal étranger ne favorise pas comme pour le zinc pur la solution du métal, suivant l'observation de M. de la Rive. Ce fait singulier

éloigne considérablement l'aluminium des métaux communs. Pour le constater mieux, j'ai laissé pendant plusieurs mois des globules d'aluminium pesant à peine quelques milligrammes au contact de l'acide sulfurique faible
sans leur faire subir d'altération bien visible. Cependant
l'acide précipitait légèrement par l'ammoniaque.

Acide nitrique. — L'acide nitrique faible ou concentré
n'agit pas à la température ordinaire sur l'aluminium.
Dans l'acide nitrique bouillant, la dissolution s'effectue
avec une telle lenteur, que j'ai dû renoncer à ce mode
d'attaque dans mes analyses. Par le refroidissement de la
liqueur toute action cesse.

Ces faits expliquent très-bien comment M. Hulot a obtenu de très-bons résultats en remplaçant par l'aluminium
le platine de la pile de Grove, et il a observé comme
moi, quoiqu'il eût employé de l'aluminium et des acides
impurs, cette inertie du métal en présence de l'acide
nitrique.

Acide chlorhydrique. — Le véritable dissolvant de
l'aluminium, c'est l'acide chlorhydrique faible ou concentré ; toutefois, quand le métal est parfaitement pur, la
réaction se passe si lentement, que M. Favre de Marseille,
avec qui j'ai fait cette épreuve, a dû renoncer à ce mode
d'attaque pour déterminer la chaleur de combustion de
l'aluminium. Mais avec de l'aluminium impur la réaction
est très-énergique et la dissolution très-rapide.

A une température très-basse, l'acide chlorhydrique
gazeux attaque l'aluminium et le transforme en chlorure
anhydre très-volatil. Dans cette circonstance le fer ne semble pas s'altérer ; le protochlorure de fer, peu volatil, peut
sans doute protéger, en la recouvrant d'une couche très-
mince, la matière métallique restée intacte. Cette expé-

rience me ferait admettre que c'est l'acide chlorhydrique et non l'eau qui est décomposé par l'aluminium ; et en effet, le métal est attaqué d'autant plus facilement que l'acide est plus concentré. On s'expliquerait ainsi la différence d'action entre les solutions d'acide chlorhydrique et d'acide sulfurique, celle-ci étant presque inactive. Ce raisonnement s'applique également à l'étain.

Hydrogène silicié. — Quand l'aluminium contient du silicium, il dégage, en se dissolvant dans l'acide chlorhydrique, de l'hydrogène d'une odeur plus infecte encore que l'odeur développée par la fonte de fer dans les mêmes circonstances. La raison en est dans la production de ce corps remarquable découvert tout récemment par MM. Wöhler et Buff, l'hydrogène silicié.

Résidus de l'attaque par l'acide chlorhydrique. — Quand la proportion de silicium est faible, la totalité s'exhale à l'état de gaz ; quand elle est un peu plus forte, elle reste en dissolution à l'état de silice avec l'alumine, et on a la plus grande peine à séparer exactement les deux terres, même quand on a évaporé à sec la solution alumineuse. Si la proportion de silicium va jusqu'à 3 ou 5 pour 100, le silicium reste insoluble mélangé avec un peu de protoxyde de silicium, que MM. Wöhler et Buff ont si bien reconnu par l'action de l'acide fluorhydrique ; celui-ci dissout le protoxyde de silicium avec dégagement d'hydrogène sans attaquer le silicium lui-même. Enfin on arrive facilement à produire des alliages de silicium et d'aluminium dans lesquels le premier domine, et il cristallise souvent, au milieu de la masse métallique, en octaèdres réguliers et en tétraèdres. L'acide chlorhydrique produit toutes ces séparations en dissolvant lui-même de notables proportions de silice.

Il ne faudra donc pas s'étonner si, en dissolvant de l'aluminium du commerce, on obtient quelquefois un résidu noir et cristallin qui, séparé par le filtre et séché à 200 ou 300 degrés, prend feu par places; on aura ainsi obtenu du silicium mélangé avec son protoxyde, $Si^2O^3 2HO$.

La présence du silicium augmente beaucoup la facilité avec laquelle l'aluminium s'attaque sous l'influence de l'acide chlorhydrique.

Potasse et soude. — Les solutions alcalines agissent avec une grande énergie sur l'aluminium en le transformant en aluminates de potasse et de soude avec dégagement d'hydrogène. Cependant l'aluminium est inattaquable par les alcalis monohydratés et en fusion : on peut en effet laisser tomber un globule d'aluminium pur dans la soude caustique, fondue et amenée presque au rouge dans un vase d'argent, sans observer le moindre dégagement d'hydrogène : le silicium au contraire se dissout avec une extrême énergie dans les mêmes circonstances.

Décapage de l'aluminium silicié. — Aussi je me suis servi de soude caustique fondue pour décaper l'aluminium silicié. Pour cela on plonge dans l'alcali maintenu en fusion au-dessous du rouge la pièce d'aluminium. Au moment de l'immersion, quelques bulles d'hydrogène se dégagent de la surface métallique, et quand elles ont disparu, tout le silicium de la couche superficielle de l'aluminium a été dissous. Il ne reste plus qu'à laver à grande eau, et à plonger dans l'acide nitrique l'aluminium qui prend ainsi un très-beau mat.

Ammoniaque. — L'ammoniaque n'agit que faiblement sur l'aluminium en produisant un peu d'alumine qui, d'après l'observation très-curieuse de M. Wöhler, a la propriété de se dissoudre en partie dans l'alcali volatil. Dans une atmosphère où l'on a répandu de l'ammoniaque, l'aluminium ne perd pas du tout son éclat, ce qui s'explique facilement, puisque c'est seulement au contact de l'eau que se détermine l'oxydation du métal avec dégagement d'hydrogène.

Acides organiques, vinaigre, etc. — L'acide acétique étendu agit sur l'aluminium à la manière de l'acide sulfurique, c'est-à-dire d'une manière insensible ou au moins avec une lenteur extrême. L'acide étendu de manière à présenter la concentration du vinaigre le plus fort a servi à cette expérience.

Acide tartrique, vin. — M. Paul Morin a laissé pendant très-longtemps une plaque d'aluminium dans le vin qui contient de l'acide tartrique en excès (du tartre) et de l'acide acétique, et il a trouvé tout à fait nulle ou insensible l'action du vin sur le métal.

Vinaigre et sel. — L'action d'un mélange d'acide acétique et de sel marin en dissolution dans l'eau, sur l'aluminium pur, est très-différente; car l'acide acétique déplace une portion de l'acide chlorhydrique que l'on peut supposer existant dans le sel marin et le rend *à peu près* libre. Cependant la réaction est d'une lenteur extrême sur l'aluminium, surtout quand il est pur.

Conséquences pratiques. — Ce point méritait d'être éclairci à cause des applications que l'on peut faire de l'aluminium à la fabrication des vases culinaires. J'ai observé que l'étain dont on se sert si souvent et qui chaque jour est mis en contact avec du sel et du vinaigre, s'attaque beaucoup plus rapidement que de l'aluminium dans les mêmes circonstances. Si l'on prend de l'étain laminé, du paillon d'étain, qu'on le fasse chauffer pendant quelques minutes dans une dissolution de sel marin additionnée d'acide acétique, on pourra constater, en décantant la liqueur claire et en la traitant par l'hydrogène sulfuré, qu'il s'est dissous des quantités considérables d'étain. Ce sera l'effet constant d'un mélange de sel et de vinaigre sur les vases de cuisine.

Quoique les sels d'étain aient un goût de poisson très-prononcé, que leur action sur l'économie soit loin d'être négligeable, la présence de l'étain dans nos aliments passe inaperçue. Dans les mêmes circonstances l'aluminium se dissoudra en moindre quantité, l'acétate d'alumine se résoudra à l'ébullition en alumine ou en sous-acétate insoluble, n'ayant pas plus de goût et plus d'action sur l'économie que l'argile elle-même. C'est pour cela, et parce qu'on sait d'ailleurs que les sels d'alumine n'ont aucune influence appréciable sur l'économie par leur base, que l'aluminium peut être considéré comme un métal d'une innocuité absolue.

Sel marin et chlorures. — Une dissolution de sel marin ou de chlorure de potassium, dans laquelle on plonge un fil d'aluminium pur, ne m'a semblé exercer sur le métal aucune action sensible, soit à froid, soit à chaud. Dans des expériences faites avec un soin extrême et publiées dans les *Annales de Chimie et de Physique*, M. Wöhler et Buff ont fait chauffer pendant plusieurs jours de l'aluminium provenant de la cryolite avec du sel marin dissous, et l'alumine qu'ils ont ainsi produite était en quantité presque insensible, de sorte qu'on peut se demander si cette attaque si faible, quoique le contact ait été aussi prolongé, n'est pas due à des traces de matières étrangères contenues soit dans le sel marin, soit dans l'aluminium lui-même. Nous savons, en effet, que l'aluminium préparé avec un fondant fixe, comme la cryolite, en retient toujours, surtout quand il n'a pas été refondu cinq ou six fois, et chaque fois brassé comme je le dirai plus tard. Or le fluorure de sodium que peut contenir alors la cryolite est une matière alcaline, et comme l'alumine le décompose partiellement en soude caustique et fluorure d'aluminium, on conçoit que cette quantité si faible ait produit les résultats si faibles aussi que MM. Wöhler et Buff ont observés. Quoi qu'il en soit, on peut dire que l'action d'une dissolution de sel marin sur l'aluminium est nulle ou insensible.

Il n'en est pas de même des autres chlorures métalliques, et on peut à leur égard énoncer, comme règle générale, qu'ils sont décomposés par l'aluminium avec une facilité d'autant plus grande que le métal qu'ils renferment appartient à un ordre plus élevé. Le chlorhydrate d'alumine lui-même dissout l'aluminium en formant un sous-chlorhydrate avec dégagement d'hydrogène.

Action du sel marin sur les métaux communs. — Pour arriver de ces faits de laboratoire à des conséquences pratiques, il faut connaître comparativement l'action du sel marin sur les métaux communs. On peut dire, en général, qu'aucun d'eux ne peut résister à l'action du sel marin et surtout de l'eau de mer. Des expériences faites avec de l'aluminium du commerce et du cuivre nous ont fait voir que l'attaque du cuivre par l'eau de mer était beaucoup plus rapide que l'attaque de l'aluminium indiquée seulement par des flocons très-légers d'alumine.

Sur l'argent. — L'argent lui-même se dissout dans le sel marin avec une rapidité extrême, mais en petite quantité. Je fais chaque année, à mon cours de la Sorbonne, une expérience très-simple et que je connais depuis peu d'années, sans savoir à qui elle est due.

On prend un creuset d'argent *pur*, on y verse une solution de sel marin; on chauffe, et au bout de quelques minutes d'ébullition la dissolution saline bleuit le papier de tournesol, ce qui indique dans la liqueur de la soude caustique, provenant du sel marin décomposé, dont l'argent a pris le chlore pour passer à l'état de chlorure d'argent.

Conséquences pratiques. — L'argent est un métal dont les combinaisons sont éminemment toxiques. Le nitrate d'argent, quoique absolument neutre au papier de tournesol, est un médicament dont on use avec les plus grandes précautions. Bien qu'on puisse affirmer que l'argent se dissout nécessairement dans de l'eau bouillante et salée, l'expérience a appris que les vases d'argent sont cependant très-salubres. Il en sera de même et à plus forte raison de l'aluminium; l'avantage qu'on y trouvera dans la pratique, c'est que le métal, s'il s'en dissout, n'apportera dans les aliments aucune substance sapide ou dangereuse. L'argenterie des orfévres contient 5 pour 100 de cuivre qui ne devient dangereux que quand on laisse les aliments se refroidir dans les vases où ils ont été préparés : c'est là le seul inconvénient que présente l'emploi de l'argent allié. Avec l'aluminium, rien de pareil n'est à craindre.

Au surplus, toutes ces questions ne peuvent se résoudre que par une expérience prolongée. Il serait prématuré d'en vouloir donner aujourd'hui la solution; il me suffira d'avoir exposé les faits et les principes chimiques sur lesquels on peut s'appuyer pour tenter des épreuves de ce genre.

Résistance de l'aluminium à l'altération. — Une

des causes qui expliquent le mieux la résistance qu'oppose, dans certains cas, l'aluminium à l'altération sous
l'influence des réactifs, c'est la petitesse de son équivalent, qui est 13,75, en admettant pour formule de l'a-
lumine $Al^2 O^3$, tandis que l'argent a pour équivalent
108, correspondant à $Ag O$. Ainsi les quantités d'argent
et d'aluminium qui se combinent à la même matière sont
entre elles dans le rapport de 324 à 27,5 ; ou, ce qui revient
au même, la quantité d'acide qui dissoudra 100 grammes
d'argent ne pourra dissoudre que $8^{gr},5$ d'aluminium.

Sels métalliques. — L'action d'un sel quelconque
sur l'aluminium peut se déduire facilement de l'action
des acides sur le métal. On peut donc prévoir que dans
les sulfates et surtout les nitrates acides, l'aluminium ne
précipitera aucun métal de ses dissolutions, pas même
l'argent, ce qui a été observé par M. Wöhler, tandis
que les dissolutions chlorhydriques des mêmes métaux
seront précipitées par l'aluminium, comme l'ont fait voir
MM. Tissier.

De même, dans les solutions alcalines, l'argent, le
plomb et les métaux élevés dans la classification des corps
simples seront également précipités.

Conséquences pratiques. — Il faut conclure de là
que pour déposer des métaux sur l'aluminium au moyen
de la pile, il faudra toujours se servir de dissolutions
acides dans lesquelles l'acide chlorhydrique libre ou combiné ne devra pourtant pas entrer.

Les solutions alcalines des mêmes métaux ne pourront
être employées, quoiqu'elles réussissent si bien dans la
dorure et l'argenture des métaux communs.

Dorure et argenture électriques de l'aluminium.
— C'est à cause de ces particularités si curieuses que la

dorure et l'argenture de l'aluminium sont très-difficiles à obtenir, surtout avec la solidité désirable.

M. Paul Morin et moi nous avons souvent essayé en employant des bains à base de sulfure d'or acide ou d'hyposulfite d'argent avec un excès d'acide sulfureux. La réussite n'a été que médiocre. Cependant M. Mourey, qui a déjà rendu de grands services à la galvanoplastie, dore et argente couramment l'aluminium pour le commerce, avec une perfection qui est surprenante à cause du peu de temps qu'il a eu pour étudier cette question. Je sais aussi que M. Christofle a doré de l'aluminium ; mais j'ignore entièrement les procédés qui ont été employés par ces Messieurs.

Cuivrage par la pile. — Le cuivrage de l'aluminium par la pile s'effectue, au contraire, très-facilement au moyen d'un procédé qui a été donné par M. Hulot. Il se sert simplement d'un bain de sulfate de cuivre acide. La couche de cuivre étant bien préparée est très-solide.

Observation générale. — Tout ce que je viens de dire au sujet de l'action des sels métalliques sur l'aluminium n'est vrai que pour l'aluminium pur. L'aluminium impur, surtout quand il contient du fer ou du sodium, agit alors en provoquant dans les sels de cuivre sur lesquels j'ai opéré, un dépôt de cuivre métallique. Mais ce phénomène, même dans les cas les plus défavorables, est extrêmement lent à se produire, et si l'on opère sur une lame d'aluminium, on voit au bout de quelques semaines se dessiner sous forme de fibres rouges la texture du métal étiré, comme si le fer et l'aluminium n'étaient que juxtaposés et que les fibres ferrugineuses agissent seules. Aussi le dépôt n'est que local ; peu à peu cependant la transformation devient complète, mais elle est d'autant plus lente que l'aluminium est plus pur.

Il y a peut-être là un phénomène de passivité singulière d'où résultent toutes les propriétés utiles de l'aluminium, et que l'action du temps anéantit peu à peu lorsque l'aluminium est au contact des dissolutions métalliques très-conductrices.

Cette opinion, que j'ai exprimée dans un Mémoire
publié dans les *Annales de Chimie et de Physique*, en 1855,
se trouve énoncé sous une autre forme dans une lettre
très-intéressante qu'a bien voulu m'adresser M. Marié-
Davy, et enfin un peu plus développée dans un Mémoire
que vient de publier M. Buff, sur les propriétés électriques
de l'aluminium. Mais il me serait impossible de donner
ici des explications sur un point de théorie qui est encore
à peine ébauchée.

Action des nitrates, borates et silicates alcalins.
— L'action des nitrates, borates et silicates alcalins doit
être traitée à part, à cause de la nature particulière de la
combinaison qui en résulte et dans laquelle l'alumine
joue le rôle d'un acide.

Nitre. — L'aluminium peut être fondu dans le nitre
sans éprouver la moindre altération, les deux matières
restent en contact sans réagir jusqu'au rouge vif, température à laquelle le sel est en pleine décomposition et
produit un vif dégagement d'oxygène. Mais si l'on pousse
la chaleur jusqu'à ce point que l'azote lui-même se dégage et que le nitre devienne de la potasse, une nouvelle
affinité se manifeste et le phénomène change de nature.
L'aluminium se combine alors rapidement à la potasse
pour donner lieu à de l'aluminate de potasse. Le phénomène d'inflammation qui l'accompagne souvent indique
une réaction très-énergique.

Purification de l'aluminium par le nitre. — Tous

les jours on fond de l'aluminium avec du nitre pour le purifier au milieu d'un vif dégagement d'oxygène, et au rouge, sans qu'on ait rien à craindre. Mais il faut bien se garder de faire cette expérience dans un creuset de terre. La silice du creuset est dissoute par le nitre, le verre ainsi formé est décomposé par l'aluminium, et dès lors le siliciure d'aluminium devient très-oxydable, comme je l'ai déjà fait voir, et surtout en présence des alcalis. C'est une expérience du même genre que la combustion vive de l'alliage d'étain et de plomb dans les proportions nécessaires pour former le stannate de plomb ou potée d'étain.

La purification de l'aluminium par le nitre doit se faire dans un creuset de fonte bien oxydé par le nitre lui-même à sa surface intérieure.

Observation générale. — Je ferai à cette occasion une observation générale. L'aluminium à une basse température se conduit comme un métal susceptible de donner une base très-faible; par conséquent sa résistance aux acides, l'acide chlorhydrique excepté, est très-grande : il se conduit avec les alcalis comme un métal susceptible de donner un acide assez énergique : aussi l'aluminium est attaqué par la potasse et la soude dissoutes dans l'eau. Cependant cette affinité est encore insuffisante pour déterminer la décomposition de l'eau par l'aluminium dans la potasse monohydratée fondue. A plus forte raison ne décomposera-t-il pas les protoxydes métalliques à la température du rouge vif. C'est pourquoi dans le moufle l'alliage de cuivre et d'aluminium donne de l'oxyde noir de cuivre, d'où vient que l'alliage de plomb peut se coupeller.

Mais par une exception étrange, et qui n'appartient,

je crois, qu'à l'aluminium, dès que la température s'élève au delà du rouge vif, les affinités sont brusquement interverties : l'aluminium prend toutes les propriétés du silicium, il décompose alors les oxydes de plomb et de cuivre, avec production d'aluminates.

Silicates et borates. — C'est en traitant par l'aluminium les silicates et borates qu'on obtient le silicium et le bore par l'un des procédés que l'on trouvera décrits à la fin de cet ouvrage.

Matières animales. — Parmi les matières animales que produisent les organes des animaux, il y en a qui sont acides, comme la sueur : celles-ci ne semblent pas avoir d'action sensible sur l'aluminium. J'ai vu chez bien des fabricants des objets qui avaient été maniés par un grand nombre de personnes. La trace des doigts salissait quelquefois, mais ne faisait jamais de tache qu'on ne pût effacer en l'essuyant. En 1855, M. Christofle exposa un couvert en aluminium très-impur, tel que je l'obtenais alors à Javel ; presque toutes les personnes qui visitèrent l'Exposition universelle manièrent ces objets pour en constater la légèreté, et le métal résista à cette rude épreuve d'une manière victorieuse, ce qui ne serait certainement pas arrivé pour un couvert d'argent.

Salive. — Les matières alcalines, comme la salive, auraient plus de tendance à oxyder l'aluminium. Mais l'effet produit est encore insignifiant, à en juger par une expérience que voulut bien faire une personne qui conserva dans sa bouche, pendant très-longtemps, une petite lame d'aluminium, sans que le métal en reçût la moindre atteinte.

Matières purulentes. — M. Charrière a fabriqué,

pour un malade auquel on avait pratiqué la trachéotomie, une petite canule en aluminium très-légère et, à cause de cela, très-facile à porter. L'aluminium s'est fort peu altéré. Il s'est formé au bout de quelque temps une matière farineuse blanche en quantité presque impondérable, mais bien visible : c'était de l'alumine dont la présence ne pouvait avoir pour le malade aucun inconvénient, à cause de l'innocuité et de l'insolubilité de l'alumine, mais qui indiquait néanmoins une altération du métal par les matières purulentes. Le poids de l'appareil n'avait pas été modifié d'une manière sensible, même au bout d'un temps très-long. Sous les mêmes influences, l'argent se serait sulfuré ; de sorte que j'admets volontiers que rien ne s'opposera à l'emploi de l'aluminium pour la construction des appareils de chirurgie, destinés à être placés à demeure, et dont le poids occasionnerait de la douleur ou de la gêne.

Alliages. — L'aluminium s'allie facilement au sodium, surtout en faibles proportions. De là vient que les propriétés du métal mal fabriqué sont complétement altérées. Les dernières traces de sodium ne peuvent être enlevées qu'avec une peine extrême, surtout lorsque l'on produit l'aluminium en présence des fluorures, à cause de l'affinité toute spéciale de l'aluminium pour le fluor à la température où le fluorure d'aluminium commence à se volatiliser.

Fer. — Le fer et l'aluminium se combinent en toutes proportions. Ces alliages sont durs, cassants, cristallisés en longues aiguilles, lorsque la proportion de fer s'élève à 7 ou 8 pour 100. L'alliage à 10 pour 100 de fer ressemble beaucoup à du sulfure d'antimoine. Il se liquate encore avec une certaine facilité en donnant une carcasse peu fusible et de l'aluminium moins ferrugineux. Mais ce mode de purification de l'aluminium ne peut être absolu. La présence d'une grande quantité de fer dans l'aluminium altère également ses propriétés chimiques et physiques.

Zinc. — Les alliages de zinc sont aigres, à moins que le zinc ne soit en très-faible proportion. Quelques échantillons d'aluminium zincifère ont été mis dans le commerce par suite d'une circonstance fort étrange, dont il est utile que je dise un mot, pour faire éviter à l'avenir de pareils accidents. On faisait à l'usine de la Glacière du chlorure de sodium et d'aluminium dans des cornues en terre, venant de l'usine à zinc de la Vieille-Montagne. Le ciment de ces vases avait été fabriqué avec de vieilles cornues, ayant servi déjà à la fabrication du zinc et imprégnées de silicate de zinc. Sous l'influence du charbon contenu dans le mélange qu'on y traitait et du chlorure que l'on y faisait passer, il se formait du chlorure de zinc qui, se mêlant au chlorure d'aluminium, passait inaperçu jusque dans l'aluminium, dont il n'altérait pas les propriétés d'une manière bien manifeste. Aussi des analyses ayant été faites en Allemagne, j'y ai entendu dire que l'aluminium n'était qu'un alliage auquel le zinc donnait la fusibilité qui devait manquer à l'aluminium pur.

Les alliages de zinc ont été employés dans les tentatives peu fructueuses jusqu'ici, qui ont été faites pour souder l'aluminium avec lui-même d'une manière solide.

Cuivre. — Les alliages de cuivre ayant un grand intérêt, je ferai leur histoire complète dans un chapitre particulier concernant *le bronze* d'aluminium.

Plomb. — Le plomb ne s'unit qu'imparfaitement à l'aluminium. Cependant l'alliage se maintient en certaines proportions, surtout à la température nécessaire à la coupellation de l'aluminium.

Le mercure ne peut s'unir à l'aluminium. Des essais de toute nature que j'ai faits moi-même, et que M. Walferdin a confirmés, le prouvent de la manière la plus claire.

Action de l'amalgame d'ammonium. — M. Lissajous a fait à propos du fer une expérience très-intéressante que je répète dans mes cours, depuis cinq ou six ans, et qui réussit toujours. Si on plonge un clou de fer dans l'amalgame d'ammonium, le fer est immédiatement mouillé, comme le serait l'argent; mais au fur et à mesure que l'ammoniaque et l'hydrogène se dégagent, le mercure se rassemble en petites sphères à la surface du fer, qui ne paraît pas avoir subi la moindre altération.

L'aluminium n'est même pas mouillé en pareille circonstance, ce qui semble prouver qu'il a encore, moins que le fer, d'affinité pour le mercure.

Zinc, étain, cadmium. — Le zinc, l'étain et le cadmium s'unissent facilement à l'aluminium. Les deux premiers altèrent ses propriétés dès que la proportion dépasse quelques centièmes. L'alliage de cadmium, au contraire, est toujours malléable. Ces alliages, surtout le dernier, sont fusibles et peuvent servir à souder l'aluminium, quoique imparfaitement.

Argent. — Quelques centièmes d'argent suffisent pour enlever à l'aluminium toute sa malléabilité. Cependant l'alliage à 3 centièmes d'argent est employé, par M. Christofle, pour le moulage des objets d'art, et l'alliage à 5 pour 100, pour la fabrication des lames de couteau.

Silicium. — Une matière siliceuse quelconque, mise à haute température au contact de l'aluminium, est toujours décomposée, et, si l'aluminium est en excès, il se forme une combinaison ou un alliage de silicium et d'aluminium dans lequel les deux corps peuvent s'unir presque en toutes proportions. Ainsi se comporte le verre, l'argile, la terre des creusets vis-à-vis de l'aluminium.

Cependant on peut fondre l'aluminium dans le verre et les creusets de terre sans qu'il y ait la moindre altération du métal, parce qu'il n'y a pas contact entre les deux matières : l'aluminium ne mouille pas les creusets. Mais du moment qu'un fondant quelconque, même le sel marin, facilite le contact immédiat, la réaction s'opère et l'on obtient toujours de l'aluminium plus ou moins silicié. C'est pour cela que j'ai prescrit de n'ajouter à l'aluminium pour le fondre aucune espèce de flux, quand même celui-ci serait inattaquable par l'aluminium.

Cependant, parmi les matières fusibles qui facilitent cette action de l'aluminium, il est nécessaire de distinguer les fluorures. Ceux-ci attaquent eux-mêmes les matières siliceuses du creuset avec une énergie extrême en les dissolvant; elles sont décomposées ensuite par l'aluminium avec une facilité toute spéciale.

L'aluminium chargé de silicium se présente avec des qualités très-différentes, suivant la proportion de ces deux corps simples. Quand l'aluminium est en grand excès, on obtient ce que j'ai appelé la *fonte* d'aluminium au moyen de laquelle j'ai découvert, en 1854, le silicium cristallisé. Cette *fonte* grise et aigre contenait, d'après mon analyse :

$$Silicium\ldots\ldots\ldots\ldots\ldots\ldots\ 10,3$$
$$Aluminium\ et\ traces\ de\ fer.\ \underline{89,7}$$
$$100,0$$

Lorsqu'on attaque l'aluminium silicié par l'acide chlorhydrique, l'hydrogène qui s'en dégage exhale une odeur infecte que j'attribuais autrefois à la présence d'un hydrogène carboné, mais qu'aujourd'hui on sait appartenir à l'hydrogène silicié, depuis les belles expériences de MM. Wöhler et Buff. C'est, en effet, par la production de ce gaz qu'il faut expliquer l'odeur *de fer* plus ou moins intense que répand l'aluminium plus ou moins souillé de silicium.

Mais l'aluminium peut absorber des proportions bien plus considérables de silicium, et en traitant par l'aluminium le fluosilicate de potasse, M. Wöhler a obtenu une matière encore métallique contenant jusqu'à 70 pour 100 de silicium, quelquefois à l'état de cristaux facilement séparables.

Depuis que j'ai eu l'occasion, dans un travail que j'ai publié sur le silicium, d'examiner un grand nombre d'échantillons de ces combinaisons d'aluminium et de silicium, j'ai constaté qu'elles étaient beaucoup plus altérables que l'aluminium et le silicium purs, sans doute à cause de l'affinité que possèdent l'une pour l'autre la silice et l'alumine.

J'ai déjà fait voir l'importance qu'il y avait à obtenir l'aluminium parfaitement pur. Je dois dire, en outre, que le métal aujourd'hui répandu dans le commerce peut contenir soit du fer, soit du silicium, suivant le mode de sa préparation. Ces deux sortes d'impuretés sont nuisibles aux qualités de l'aluminium et on doit tout faire pour en éviter la présence.

Bore. — On obtient un alliage très-riche en bore en fondant de l'aluminium avec du borax, de l'acide borique ou du fluoborate de potasse. Cet aluminium boré présente comme l'aluminium silicié cette singulière propriété, que le bore diminue toutes ses qualités. L'alliage, qui est très-blanc, ne peut que se plier légèrement et résiste en se déchirant à l'action du laminoir. Il exhale une odeur très-forte d'hydrogène silicié, sans doute à cause du silicium des vases qui s'attaquent en même temps que la combinaison borique qu'on y introduit. M. Wöhler et moi nous avons démontré que l'on pouvait extraire de ces alliages le bore sous deux formes différentes, le bore graphitoïde et le diamant de bore. Comme ce dernier corps peut recevoir des applications, je donnerai, à la fin de ce volume, le mode de préparation auquel il faut avoir nécessairement recours et qui exige l'emploi de l'aluminium.

Charbon. — Je n'ai pu, quelque effort que j'aie tenté, combiner le charbon et l'aluminium. Dans la décomposition du chlorure de carbone par l'aluminium, il se forme du charbon ordinaire et il reste de l'aluminium qui n'a subi aucune modification.

Placage de l'aluminium. — M. Savard, en 1854, réussit à plaquer l'aluminium sur le cuivre et sur le laiton avec la plus grande perfection.

Les deux lames métalliques étant préparées à la manière ordinaire et bien frottées avec du sable, on les mit l'une sur l'autre entre deux lames de fer bien serrées. Le paquet fut chauffé au rouge sombre, puis fortement pressé à cette température. Le placage devint très-solide, et on put obtenir des feuilles laminées dont j'ai encore un échantillon et qui s'est parfaitement conservé.

Le point délicat de cette opération, c'est de chauffer assez le paquet pour que l'adhérence se produise sans que la fusion de l'aluminium s'effectue, et quand on ne chauffe pas très-près de ce point de fusion, l'adhérence est incomplète.

Des essais de même nature, faits avec une feuille d'or et une feuille d'aluminium, n'ont pas réussi. Dès que l'adhérence se manifeste, la combinaison entre les deux métaux se produit et l'or *disparaît* dans la plaque d'aluminium. Dans une opération faite à une température insuffisante, les deux métaux, ne se conduisant pas de la même manière sous le laminoir, se sont détachés après quelques passes. Depuis, des essais ont été tentés par d'autres personnes pour plaquer l'aluminium sur cuivre avec ou sans l'intermédiaire de l'argent, et ils ont très-bien réussi.

De toutes les expériences qui viennent d'être rapportées, de toutes les observations qui viennent d'être faites, il faut conclure que l'aluminium est un métal qui n'a d'analogies complètes avec aucun des corps simples que nous considérons comme des métaux.

En 1855 j'ai proposé de le ranger à côté du chrome et du fer, en faisant sortir le zinc du groupe dans lequel celui-ci a été classé jusqu'ici. Le zinc se place, en effet, très-bien à côté du magnésium, et les recherches que nous avons, le capitaine Caron et moi, publiées récemment sur ce métal rendent plus intimes encore les analogies de ces deux métaux volatils. Depuis, les études que j'ai faites sur les corps simples m'ont fait admettre provisoirement une autre opinion, qui n'a rien d'absolu sans doute, mais qui mérite au moins d'être discutée sérieusement. On trouvera, à la fin d'un Mémoire que nous avons, M. Wöhler et moi, publié dans les *Comptes rendus* et dans les *Annales de Chimie et de Physique*, les raisons pour lesquelles nous serions tentés de placer l'aluminium près du silicium et du bore dans la série du charbon, au même titre qu'on place l'antimoine et l'arsenic dans la série de l'azote.

CHAPITRE III.

PRÉPARATION DE L'ALUMINIUM ET ESSAIS DIVERS DE FABRICATION.

Pour préparer de l'aluminium parfaitement pur, je ne connais pas d'autre méthode que celle qui a été découverte dès 1827 par M. Wöhler et qui est devenue depuis une méthode générale avec laquelle lui-même et d'autres chimistes ont isolé un certain nombre de métaux terreux. J'ai modifié seulement les procédés et le mode opératoire, en tenant compte des travaux plus récents de l'illustre chimiste de Göttingen et de faits nouveaux que mon expérience personnelle m'a permis de constater.

Pour obtenir de l'aluminium par ce moyen, il faut se procurer :

1°. De l'alumine pure,

2°. Du chlorure d'aluminium pur,

3°. Du sodium.

Je donnerai dans ce chapitre et successivement les modes de préparation de l'aluminium et des produits accessoires que j'ai employés dans mon laboratoire et à l'usine de Javel, réservant, pour en faire un chapitre à part, l'ensemble des procédés de fabrication organisés à la Glacière et appliqués aujourd'hui à l'usine de Nanterre.

Enfin je donnerai un aperçu de la fabrication de l'aluminium fondée sur l'emploi exclusif de la cryolite et du sodium.

§ I. — ALUMINE.

Alumine pure. — Les procédés dont je me suis servi pour obtenir de l'alumine pure sont assez nombreux. Je ne donnerai que ceux qui m'ont le mieux réussi et que je considère comme les plus simples, malgré leur complication apparente.

1°. On prend du sulfate d'alumine du commerce (il en faut 8^{kil},5 pour obtenir 1 kilogramme d'alumine sèche), on le dissout dans son poids d'eau et on précipite la liqueur par une solution concentrée et bouillante d'acétate de plomb, en ayant soin de mettre un petit excès d'acétate. La liqueur séparée du sulfate de plomb par décantation est mélangée avec la plus petite quantité possible d'acide tartrique, quantité suffisante néanmoins pour empêcher toute précipitation de l'alumine quand on sursature par l'ammoniaque l'acétate d'alumine. Cette solution ammoniacale est alors traitée en vase clos par un peu de sulfhydrate d'ammoniaque et exposée dans une étuve à une température de 50 à 60 degrés qui détermine la précipitation de sulfures de fer et de plomb qu'on sépare d'abord par décantation, puis sur le filtre, mais sans laver celui-ci.

La liqueur claire, mais un peu jaune, consistant en acétate et tartrate ammoniacal d'alumine avec un peu de sulfhydrate d'ammoniaque, est évaporée rapidement, et carbonisée par portions dans des creusets de terre qu'on ne nettoie jamais entièrement après chaque opération. Enfin le mélange de charbon et d'alumine qui reste est mis en pâte avec de l'huile, et fortement calciné pour chasser le soufre provenant d'un peu d'acide sulfurique qui reste dans l'alumine et qu'on ne peut enlever entièrement par l'acétate de plomb.

2°. On calcine de l'alun ammoniacal du commerce ou bien même du sulfate d'alumine impur de manière à avoir de l'alumine qui peut paraître pure, parce que la plupart du temps elle est blanche, mais qui en réalité contient en outre de l'acide sulfurique et du sulfate de potasse provenant des argiles ou des schistes pyriteux, une notable proportion de fer. Cette alumine, qui est très-friable, est passée à un tamis fin et introduite dans une marmite de fonte avec deux fois son poids au moins de lessive de soude caustique à 45 degrés. On fait bouillir et on évapore en même temps en faisant subir à l'alumine, dans la lessive sirupeuse, une sorte de *cuite* qui détermine sa solution complète, quand même elle aurait été fortement calcinée (1).

On dissout dans une grande quantité d'eau l'aluminate de soude, et quand elle ne s'éclaircit pas tout de suite, on y met un peu d'hydrogène sulfuré qui hâte la précipitation du fer. Cette opération doit être faite dans un flacon bouché et laissé au repos. La liqueur, décantée et claire, est soumise encore chaude à l'action de l'acide carbonique, qui transforme la soude en carbonate et précipite l'alumine sous une forme particulière où elle est très-dense, et se rassemble dans un espace qui n'est pas le vingtième du volume occupé par l'alumine gélatineuse.

Appareil pour la carbonatation de l'aluminate de soude. — Je fais la carbonatation de la soude dans un petit appareil très-simple, construit par M. Wiesnegg, et

______

(1) Le pouvoir dissolvant de la soude à cet état est aussi énergique que si l'alcali était monohydraté et fondu. Aucun des silicates que j'ai essayés, pas même le feldspath orthose et l'émeraude de Limoges, ne résiste. On obtient comme résidu de cette attaque un silicate complexe que l'eau décompose en produits simples. Je publierai plus tard les résultats de cette réaction curieuse.

dont je recommande l'emploi dans tous les cas analogues à celui-ci. Cet appareil est en zinc, qui n'est pas attaqué sensiblement par la soude, au moins pendant la durée de l'absorption de l'acide carbonique. Je me suis assuré souvent que l'alumine qui en sort est parfaitement exempte de zinc.

L'appareil est composé d'une série de cylindres con-

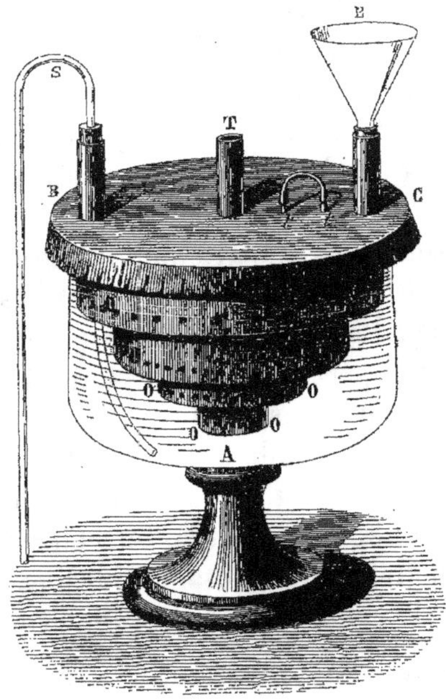

centriques C, C, C,..., de hauteurs variables, percés à leur partie inférieure de petits trous O, O, O,... d'autant plus petits, que la base du cylindre dans lequel ils sont percés est plus large. Tous ces cylindres viennent se souder sur une plaque de zinc BC qui intercepte entre eux toute communication.

Sur la plaque de zinc sont posées de petites tubulures

t, t, qui mettent en communication deux à deux, et au moyen de petits tubes en caoutchouc, les espaces cylindriques C, une tubulure T par laquelle arrive le gaz acide carbonique, un entonnoir E pour servir à l'introduction du liquide à carbonater, enfin un siphon S pour faire écouler l'alumine et le carbonate de soude après l'opération. Le liquide sera contenu dans une cloche à gaz ABC peu élevée, de manière que le bouton A soit très-rapproché de l'extrémité inférieure du premier cylindre. Il faut avoir soin de maintenir le plan des trous O bien horizontal, afin que le gaz se distribue uniformément sur toute la surface du liquide. Le jeu de cet appareil est si simple, qu'il est inutile de donner à ce sujet de plus longues explications. Il sert à faire barboter le gaz un grand nombre de fois dans le liquide, sans que la pression totale à l'entrée soit bien considérable.

Au sortir de l'appareil à carbonatation, on laisse déposer l'alumine très-dense qu'on y a précipitée et qu'on lave par décantation avec la plus grande facilité. Il faut un très-grand nombre de lavages pour enlever tout le carbonate de soude : il est même bon d'ajouter avant la fin, aux eaux de lavage, un peu de sel ammoniac.

Mélange d'alumine et de charbon. — L'alumine bien séchée est calcinée au rouge vif, puis mêlée à 30 pour 100 de charbon de bois ; on mouille le tout avec un peu d'huile pour en faire une pâte qu'on calcine dans un creuset réservé à ces opérations.

§ II. — CHLORURE D'ALUMINIUM.

Le mélange de charbon et d'alumine est introduit dans un tube de porcelaine muni d'une allonge et chauffé au rouge au milieu d'un courant de chlore sec. Le chlo-

rure d'aluminium distille, et on le retire du tube de porcelaine et de l'allonge sous forme de masses compactes
composées de cristaux qui sont souvent de la plus grande
beauté, et qui doivent être incolores ou très-peu colorés
en jaune. On peut encore se servir de l'appareil dont je
vais donner la description d'après mes anciennes expériences : seulement on devra y introduire un mélange de
matières absolument pures. La description qui va suivre
fera en même temps connaître le rendement de pareilles
opérations. C'est le récit d'essais que j'ai tentés à mon
laboratoire et dans l'usine de Javel aux frais de l'Empereur.

Fabrication en petit. — J'ai pris 5 kilogrammes
d'alumine provenant d'un alun ammoniacal calciné fortement et bien exempt de fer, comme doit être toute alumine destinée à la fabrication du chlorure. Je l'ai mélangée avec 40 pour 100 de son poids de charbon et un peu
d'huile, pour en faire une pâte qui a été décomposée au
rouge vif. La masse compacte découpée en morceaux a
été introduite, avec la poussière qu'elle fournit, dans une
cornue C (*fig.* 9) [*voyez* la *Planche I*], en grès, vernie et tubulée, de la capacité de 10 litres. La cornue, placée dans
un fourneau convenablement construit, a été chauffée au
rouge pendant qu'on la faisait traverser par un courant de
chlore sec, partant d'une ou deux bombonnes et arrivant
par la tubulure A. Dans les premiers moments, il s'é-
chappe par le col D des quantités considérables d'eau provenant du charbon alumineux, qui est très-hygrométri-
que. Lorsque le chlorure d'aluminium arrive, on ajuste à
la suite du col D un entonnoir en grès ou en porcelaine E,
qu'on maintient adhérent au moyen d'un peu d'amiante
d'abord, puis d'un lut formé de bourre de vache et de terre

à poêle. A la suite de l'entonnoir vient une cloche à douille F qu'on unit de la même manière à l'entonnoir E. Le chlorure se condense dans cet appareil et y reste tout entier. Quelle que soit la rapidité avec laquelle on fasse marcher le chlore, celui-ci sera, pendant les trois premiers quarts de l'opération, si bien absorbé par le charbon alumineux, que le gaz oxyde de carbone qui s'échappe ne décolorera pas le tournesol, et s'enflammera avec facilité. Cependant ce gaz fume toujours un peu, à cause d'une petite quantité de chlorure de silicium provenant de l'attaque des parois de la cornue par le chlore et le charbon, de chlorure de soufre, et peut-être d'un peu d'acide chloroxycarbonique. Mais si l'opération marche bien, la fumée et l'odeur sont à peine sensibles. Quand la cloche F se remplit, on l'enlève pour extraire le chlorure d'aluminium cohérent et cristallisé qu'elle contient, et on la remplace aussitôt par une autre. La quantité totale de ce chlorure, que j'ai retirée en trois fois, a été de $10^{kil},150$, sans compter la substance perdue pendant la manipulation. Dans la cornue C, il restait 1 kilogramme à peu près d'un charbon mêlé encore à de l'alumine dans la proportion de 2 parties de charbon pour 1 d'alumine; ce qui fait en tout 330 grammes d'alumine non attaquée sur 5 kilogrammes. Le charbon contenait une grande quantité de chlorure double d'aluminium et de potassium, et de chlorure de calcium, qui le rendaient déliquescent. On voit que, dans une opération de ce genre, toute l'alumine et tout le chlore sont à très-peu près utilisés. Le résidu a été lavé, mélangé avec une nouvelle quantité d'alumine et employé à un nouveau traitement. Une autre opération du même genre m'a donné près de 11 kilogrammes de chlorure d'aluminium.

Fabrication en grand. — Pour répéter cette expérience sur une grande échelle, j'ai remplacé le mélange d'huile, de charbon et d'alumine par un mélange d'alumine et de goudron, la cornue tubulée par une cornue à gaz, et le récipient en verre par une petite chambre en briques, recouverte en faïence vernissée.

L'alumine que j'ai employée provenait de l'alun ammoniacal à l'épreuve du prussiate, coûtant 19^{fr} 50^c les 100 kilogrammes et rendant 11 pour 100 d'alumine. La calcination de l'alun s'effectuait dans le four à réverbère, contenant en même temps les cylindres à sodium (*fig.* 7). On mettait l'alun dans les grands pots cylindriques où l'on cuit les os pour en faire du noir animal. L'alun, une fois calciné au rouge vif, était pulvérisé et mélangé avec du goudron de houille, auquel on ajoutait un peu de charbon de bois pulvérisé : mais cette addition est inutile quand on fait le mélange de goudron et d'alumine un peu liquide; ce qui est plus commode. La pâte bien battue est introduite dans les pots à noir animal, couverte avec soin et mise au four à réverbère. Après la cessation des fumées de goudron, qui portent très-vite la température de la voûte à un point très-élevé, on enlève les pots et, autant que possible, on emploie le charbon alumineux qu'on y trouve pendant qu'il est encore très-chaud. Ce charbon est dur, luisant, analogue à une pierre ponce, tant il est poreux et crevassé (1); il contient du soufre,

---

(1) Ce charbon alumineux conduit l'électricité à merveille, et, quand on veut faire de l'aluminium par la pile, c'est le meilleur électrode qu'on puisse choisir, car il absorbe le chlore qui se rend au pôle positif et refait du chlorure d'aluminium qui révivifie le bain au fur et à mesure que l'aluminium se produit au pôle négatif. Il est de la plus grande importance que le charbon alumineux ne contienne ni soufre, ce qui exige une calcination forte et prolongée de l'alumine, ni fer, ce qui nécessite l'emploi d'un alun ammoniacal très-pur.

de l'acide sulfurique, un peu de fer, de l'acide phosphorique en petite quantité, une proportion notable de
chaux provenant de l'alun, dans lequel il existe sans
doute à l'état de sulfate de chaux; enfin de la potasse,
qui entre toujours dans la composition du kaolin,
et même des argiles avec lesquelles on fabrique l'alun.
Cependant l'alun que j'ai employé était pur; mais les
matières étrangères se concentrant dans l'alumine, qui
ne représente que les $\frac{11}{100}$ du poids de l'alun qu'on calcine, sont en proportions très-notables dans le résidu.

Le courant de chlore était fourni par une batterie de
huit bombonnes, contenant chacune 45 litres d'acide muriatique; on en chargeait quatre toutes les vingt-quatre
heures, pendant que les quatre autres se refroidissaient.
En réalité, le chlore ne venait jamais que de quatre bombonnes à la fois. Le gaz se rendait, au moyen de tuyaux
de plomb refroidis par un courant d'eau, dans une bouteille de plomb contenant de l'acide sulfurique, et traversait une bombonne de chlorure de calcium avant de
se rendre à la cornue à gaz.

Cette cornue à gaz, de 300 litres environ, avait été
coupée à sa partie béante de manière à diminuer sa hauteur d'au moins 30 à 40 centimètres. Elle était placée
verticalement dans une sorte de cheminée C (*fig.* 10), où
pénétrait la flamme produite dans un foyer F, renversée
par l'autel P, et circulant autour de la cornue au moyen
d'un colimaçon K. A sa partie inférieure, la cornue était
percée d'une ouverture carrée X de 2 décimètres de côté,
que l'on pouvait fermer par une brique maintenue au
contact des bords de l'ouverture par une vis de pression V.
Un tube de porcelaine, traversant les parois du fourneau
et venant percer la cornue en O, portait le chlore jusqu'au centre de la couche de charbon alumineux. Ce tube

de porcelaine était garanti contre l'action de la flamme
par un creuset de terre percé à son fond et qu'il traversait. De plus, on avait empli ce creuset d'un mélange de
terre et de sable. Le tube était luté à la cornue et au fourneau avec un mélange de terre à poêle et de bourre de
vache. A sa partie supérieure, la cornue était fermée par
une plaque Z en brique réfractaire, au centre de laquelle
on avait fait une ouverture carrée W de 10 à 12 centimètres de côté; c'est par là qu'on versait le mélange de charbon et d'alumine au fur et à mesure qu'il disparaissait.
Enfin une ouverture Y, placée à 30 centimètres au-dessous
de la plaque Z, donnait issue aux vapeurs qu'un creuset
de terre, à fond coupé et luté contre cette ouverture, con-
duisait dans la chambre de condensation L.

La chambre L était un parallélipipède rectangle, dont
la base avait environ 1 mètre carré et dont la hauteur était
de 1^m,20. Elle avait une paroi en briques commune avec
le four : ce qui contribuait à la maintenir à une température assez élevée. Toutes les autres parois doivent être
très-peu épaisses, en briques à peine garnies de mortier,
et la base doit reposer sur une voûte bien évidée. Le toit M
est mobile et formé par une ou plusieurs plaques de
faïence vernissée. L'intérieur de la chambre doit être égale-
lement tapissé avec ces plaques, qu'on use les unes contre les autres pour éviter les fuites ; on les assujettit avec
du lut gras à l'argile. Une ouverture de 2 à 3 décimètres
carrés, placée à la partie inférieure de la chambre, la met
en communication avec des tuyaux mobiles en bois, garnis de plomb intérieurement, dans lesquels on trouve
une certaine quantité de chlorure d'aluminium entraîné,
et qui s'ouvrent au moyen d'une ouverture étroite, dans
une cheminée à bon tirage. Il faut ménager dans ces
tuyaux un registre qui permette d'interrompre plus ou

moins complétement la communication de la cheminée d'appel avec l'appareil à chlorure d'aluminium.

Avant de faire fonctionner cet appareil, il faut avant tout en sécher avec le plus grand soin les diverses parties, surtout la chambre de condensation, dans laquelle on introduit des fourneaux pleins de charbons secs et bien enflammés jusqu'à ce que les parois cessent d'exhaler de l'humidité à l'extérieur et soient fortement échauffées à l'intérieur. On monte lentement la chaleur de la cornue en mettant dans le foyer des escarbilles et ajoutant de la houille peu à peu. La cornue est laissée ouverte en Z jusqu'à ce qu'on juge qu'elle est bien sèche, et on l'emplit de mélange de charbon et d'alumine ou charbon alumineux récemment calciné et presque rouge. On pose alors la plaque Z et l'on pousse le feu jusqu'à ce que la cornue soit partout au rouge sombre bien caractérisé. On fait enfin arriver le chlore, mais on ne bouche l'ouverture W et on ne laisse les gaz pénétrer dans la chambre de condensation que lorsque les fumées de chlorure d'aluminium paraissent très-abondantes à l'ouverture W.

Lorsque l'opération marche bien, on trouve presque tout le chlorure d'aluminium attaché en une masse solide et très-dense contre la plaque M. J'en ai retiré une fois une plaque pesant près de 50 kilogrammes qui avait moins de 1 décimètre d'épaisseur; elle se composait d'une multitude de gros cristaux jaune-soufre, emboîtés les uns dans les autres et simulant des stalactites très-rapprochées et soudées dans la plus grande partie de leur hauteur.

Lorsque l'on jugeait le mélange épuisé sur une hauteur de 30 centimètres de la cornue, on débouchait l'ouverture X, on faisait tomber le charbon dépouillé d'alumine et on en remettait par l'ouverture Z. Le tassement s'effectuait tout seul, sans mouvements brusques. Les parois de la cornue s'attaqueraient très-vite si on négligeait de renouveler souvent le mélange autour du tube de porcelaine qui amène le chlore. Il faut également garnir les parois de la cornue à l'extérieur d'un rang de briques réfractaires aux points où elle reçoit l'action directe de la flamme du foyer.

Les diverses parties de cet appareil avaient été très-mal calculées dans mon atelier de Javel ; car, en partant de l'expérience que j'ai décrite au commencement de cet article, on voit que pour une cornue à gaz contenant, comme la mienne, 200 kilogrammes de mélange, il aurait fallu une batterie de trente bombonnes au moins (1), fonctionnant toutes à la fois, pour donner 250 kilogrammes de chlorure d'aluminium environ, qui exigent pour leur formation à peu près 70 mètres cubes de chlore. Il est évident qu'alors la chambre de condensation aurait été insuffisante dans ses dimensions. Pour des essais qui exigeraient une quantité de chlorure d'aluminium beaucoup moindre, il est clair que la cornue à gaz serait un appareil trop considérable ; car il est important de ne pas préparer plus de chlorure d'aluminium qu'on n'en peut con-

---

(1) Les pertes en chlorure d'aluminium dues à la porosité de la cornue, les pertes en chlore dues à l'attaque des parois avec formation de chlorure de silicium sont, surtout dans un appareil où il n'y a pas de pression, proportionnelles au temps de la réaction plutôt qu'à la masse du chlore. Il faudrait rechercher quelle est la vitesse maximum qu'on pourrait donner au chlore sans qu'il s'en perdît par la cheminée, et fixer d'après cette expérience le nombre des bombonnes de la batterie ou les dimensions de la cornue. C'est là un point capital.

Pour débiter le produit de quatre bombonnes en vingt-quatre heures, on aurait pu remplacer la cornue à gaz par une cornue à zinc, cylindre de 1 mètre de haut et de 20 centimètres de diamètre avec une épaisseur de 3 centimètres.

sommer en un ou deux jours. Ce produit se conserve mal, et j'ai toujours obtenu un grand bénéfice en l'employant à la fabrication de l'aluminium au moment où il sortait de la chambre de condensation.

Quand la fabrication du chlorure d'aluminium marche bien, il ne doit s'exhaler de la chambre aucune vapeur blanche; l'odeur du gaz oxyde de carbone est toujours très-piquante à cause de la formation du chlorure de silicium, qu'on ne peut éviter, et peut-être d'un peu d'acide chlorocarbonique, lorsque la chaleur est insuffisante. J'estime qu'une cornue à gaz convenablement conduite pourrait servir au moins deux mois, comme la mienne, ou trois mois au plus; il faudrait construire la partie verticale du fourneau de manière à permettre de remplacer facilement ces appareils sans grands frais; on ménage aussi sur le parcours de la flamme un grand nombre d'ouvertures, fermées avec des briques que l'on déplace momentanément pour visiter la cornue; toute fuite est signalée par une coloration bleue de la flamme qui caractérise la présence du chlorure d'aluminium. On pourrait boucher les fissures, si elles étaient peu considérables, avec un mélange de silicate de soude et d'amiante.

Purification du chlorure d'aluminium — J'ai supposé jusqu'ici qu'on opérait sur des matières parfaitement pures : il arrive quelquefois que le produit lui-même n'est pas pur, à cause de la nature des vases qu'on emploie et de l'oubli des précautions multipliées que je viens de recommander. Le chlorure peut alors se purifier d'une manière assez simple. On le chauffe dans un vase susceptible d'être clos, qui peut être en terre ou même en fonte avec une assez grande quantité de petits clous ou de tournure de fer. Quand l'acide chlorhydrique, l'hydro-

gène et les gaz permanents sont sortis de l'appareil, on
le ferme et on continue de chauffer, ce qui produit une
légère pression sous l'influence de laquelle le chlorure
d'aluminium fond et entre en contact immédiat avec le
fer. Le perchlorure de fer, qui est aussi volatil que le
chlorure d'aluminium, se transforme en protochlorure,
qui est beaucoup plus fixe, et le chlorure d'aluminium
se purifie d'une manière si complète, qu'il cristallise
par volatilisation dans le vase même où il s'est formé en
gros prismes (qui paraissent rhomboïdaux droits) trans-
parents et incolores. Une simple distillation dans l'hydrogène complète la purification. On verra décrit plus loin
ce procédé de purification utilisé sur une assez grande
échelle dans la préparation de l'aluminium.

§ III. — SODIUM.

Propriétés du sodium. — On s'est fait pendant
longtemps une idée fausse des difficultés qui accompagnent la fabrication du sodium; on ne connaissait pas
non plus les propriétés si curieuses de ce métal qui le
rendent bien plus apte que le potassium à devenir une
matière industrielle. Son faible équivalent et le prix du
carbonate de soude qui sert à le préparer auraient dû
depuis longtemps le faire préférer au potassium. Mais
quand j'ai commencé mes travaux, la valeur du sodium
était à peu près le double de la valeur du potassium dont
on se servait alors exclusivement pour les expériences et
les recherches de chimie dans les laboratoires.

Voici ce que je disais à cet égard dans un Mémoire
publié le 1er janvier 1855 dans les *Annales de Chimie et
de Physique* :

« Le sodium devant servir à la préparation de l'aluminium, j'ai cru devoir étudier avec soin sa préparation et ses principales propriétés en face de l'oxygène de l'air afin de pouvoir me rendre compte des difficultés qui accompagnent sa production et apprécier le danger que présente son maniement. Sous ce rapport le sodium ne peut être comparé au potassium. Celui-ci est tellement dangereux, qu'habitué à me servir du sodium, j'ai voulu une seule fois le remplacer par le potassium, et le simple écrasement du métal entre deux feuilles de papier a suffi pour l'enflammer avec une sorte d'explosion fort à craindre, même pour l'opérateur averti. Le sodium peut être laminé entre deux feuilles de papier, coupé, manié à l'air sans accidents, si les doigts et les instruments ne sont pas mouillés. Il peut être impunément chauffé à l'air bien au delà de son point de fusion sans prendre feu, quoique j'aie eu soin, dans l'expérience que j'ai faite à ce sujet, de renouveler constamment la surface du globule métallique, dont l'oxydation lente ne semble s'effectuer qu'aux dépens de l'humidité de l'air. Enfin je suis arrivé à penser que la vapeur seule du sodium était inflammable et que la combustion vive du métal ne se déterminait qu'à une température encore éloignée de son point d'ébullition, mais où la tension des vapeurs métalliques devient très-sensible.

» Quant à la préparation du métal, c'est l'une des opérations les plus faciles, peut-être l'une des moins coûteuses de celles qu'on réalise chaque jour dans un laboratoire. Je dois dire tout de suite que c'est en grande partie aux récipients proposés par MM. Donny et Mareska qu'il faut attribuer les bons résultats qui ont été obtenus dans le laboratoire de l'École Normale, où des expériences nombreuses ont été faites sur la fabrication du sodium. »

J'ajouterai que le sodium présente deux avantages considérables : il s'obtient pur du premier coup et, grâce à un tour de main que j'ai été fort longtemps à trouver, on peut réunir entre eux les globules de ce métal et le traiter comme un métal ordinaire qu'on fond et qu'on coule au contact de l'air. J'ai pu ainsi supprimer la distillation des produits bruts de la fabrication, opération que l'on avait crue nécessaire et qui occasionnait une perte de 5o pour 1oo au moins sur le rendement, sans avantage appréciable pour la pureté du métal.

La fabrication du sodium n'est en aucune manière entravée par les produits carburés, et peut-être azotés, éminemment explosifs, et qui rendent la préparation du potassium si dangereuse. Je dois dire pourtant qu'en fabriquant le potassium en grand par les procédés que je vais décrire pour le sodium, MM. Rousseau frères ont singulièrement diminué les dangers de cette préparation qu'ils pratiquent journellement dans leur usine de produits chimiques.

Méthode employée. — La méthode de fabrication employée est fondée sur la réaction du carbonate alcalin sur le charbon. Cette méthode, découverte par M. Brunner, n'a été appliquée que très-rarement au sodium. Quant au potassium, on s'attachait toujours à obtenir, pour le décomposer par la chaleur, un mélange intime de charbon et de carbonate de potasse, résultant de la décomposition d'un sel de potasse à acide organique et en particulier de la crème de tartre. Le procédé de M. Brunner était en réalité très-difficile à appliquer, à cause surtout de la disposition du récipient où le potassium devait venir se condenser. C'est aux travaux de MM. Donny et Mareska que l'on doit rapporter la connaissance des vrais principes qui peuvent guider dans la construction de ces appareils de condensation dont on verra plus tard l'usage.

Je vais décrire la fabrication du sodium en m'occupant successivement des diverses parties de l'opération.

Composition des mélanges. — Le mélange dont on peut se servir dans les laboratoires et qui m'a donné d'excellents résultats est ainsi composé :

$$
\begin{array}{lr}
\text{Carbonate de soude...} & 717 \\
\text{Charbon de bois.....} & 175 \\
\text{Carbonate de chaux..} & 108 \\
\hline
& 1000
\end{array}
$$

On prend le carbonate de soude desséché, le charbon et la craie pulvérisés, on en fait une pâte avec de l'huile, et on calcine dans une bouteille à mercure coupée qui sert de creuset et que l'on bouche convenablement.

On peut, au lieu de charbon de bois, employer la houille, et alors on emploie le dosage suivant :

$$
\begin{array}{lr}
\text{Carbonate de soude...} & 20 \\
\text{Houille............} & 9 \\
\text{Craie..............} & 3 \\
\end{array}
$$

Carbonate de soude. — Le carbonate de soude provient des cristaux de soude fortement séchés et broyés assez finement. Tous les essais que j'ai tentés pour remplacer les cristaux de soude par le sel de soude m'ont toujours donné de mauvais résultats, ou ont fait naître pour les appareils des inconvénients graves. Je ne puis m'expliquer un pareil fait; mais il est constant, et je le déduis d'un grand nombre d'expériences (1). Pour qu'un mé-

---

(1) Toutes les expériences faites depuis le moment où j'inscrivais cette phrase dans mon Mémoire de 1856 sont venues confirmer cette assertion. Il m'a été prouvé que l'économie faite sur une matière comme le carbonate

lange soit bon, il faut qu'il ne fonde pas à la température où se fait le sodium, à ce point de devenir liquide et de mettre obstacle au libre dégagement des gaz. Cependant, il doit pouvoir prendre l'état pâteux, de manière à venir se mouler constamment sur la paroi inférieure du vase de fer dans lequel on le chauffe. La chaleur latente considérable qu'exigent l'oxyde de carbone et le sodium pour se développer à l'état gazeux est une cause de refroidissement qui empêche la combustion du fer des appareils. Lorsqu'on introduit du sel de soude dans le mélange, celui-ci, quelle que soit sa composition, fond toujours ; les gaz y déterminent une sorte d'ébullition, et les ouvriers disent que les appareils *crachent*. C'est là le caractère d'un très-mauvais mélange.

Houille. — La houille doit être sèche et à longue flamme. La houille de Charleroi est excellente : c'est elle que j'ai employée exclusivement. La houille agit ici comme réducteur, et en même temps elle fournit pendant la presque totalité de l'opération des gaz hydrogénés, et, à la fin, même du gaz hydrogène pur, qui contribuent à emporter rapidement la vapeur de sodium dans les récipients et à préserver le métal condensé contre l'action destructive de l'oxyde de carbone. C'est un service de ce genre que la houille rend dans la fabrication du zinc.

Craie. — La craie dont j'ai fait usage est la craie de Meudon, séchée sur les parties supérieures et latérales du four à réverbère où j'ai fabriqué le sodium.

---

de soude dont le prix varie surtout par le degré qu'il porte et qui est relativement très-faible par rapport au prix du sodium, est annulée par une augmentation de moins d'un vingtième dans le rendement en sodium. Malheureusement il y a diminution de rendement d'un quart ou d'un cinquième, quand on substitue le sel de soude aux cristaux de soude desséchés.

Le rôle de la craie est très-facile à concevoir. Le sodium doit être entraîné rapidement hors de l'appareil, parce que ce métal a la propriété de décomposer l'oxyde de carbone au milieu duquel il se forme, si la température n'est pas ou très-basse ou très-élevée, et surtout si le sodium, disséminé en globules très-petits, présente une large surface à l'action destructive du gaz. Il faut donc que les vapeurs métalliques soient amenées rapidement dans le récipient, où elles devront se condenser à l'état liquide et non à cet état comparable à de la *fleur de soufre* où le métal est très-oxydable à cause de sa division. Un courant de gaz rapide, même d'oxyde de carbone, active l'arrivée des vapeurs métalliques dans le récipient qui se maintient chaud, grâce à cette affluence rapide des gaz, et facilite la réunion des globules de sodium. Aussi dans la fabrication du sodium à la Glacière et à Nanterre, on a adopté une formule dans laquelle la proportion de craie, loin d'être diminuée, a été au contraire augmentée. Voici cette formule :

Carbonate de soude....	40	kilogrammes.
Houille...............	18	»
Craie................	9	»
	67	»

Cette quantité de mélange peut donner $9^{kilogr},400$ de sodium fondu et coulé en lingotière, sans compter le métal divisé et mélangé de matières étrangères dont on tire encore un bon parti et que les ouvriers ont appelé des *grattures*. On obtient donc en sodium le $\frac{1}{7}$ du poids du mélange ou le $\frac{1}{4}$ du carbonate de soude employé.

Emploi de ces matières. — Le carbonate de soude, la houille et la craie doivent être pulvérisés et tamisés, mélangés à la main et tamisés de nouveau, de manière à faire un mélange très-intime : le mélange, une fois fait, doit être utilisé le plus tôt possible, de manière qu'il ne puisse prendre de l'humidité.

On peut introduire ce mélange tel qu'il est dans les appareils où il doit fournir le sodium, ou bien on peut le calciner préalablement de manière à réduire considérablement son volume, et à permettre d'en faire entrer un poids plus considérable dans les mêmes vases. Je crois que toutes les fois qu'on pourra effectuer cette calcination avec économie, par exemple au moyen de la chaleur perdue d'un four, on gagnera à cette opération, qui, je dois le dire, n'est pas indispensable ; cependant on jugera facilement le parti qu'on en peut tirer dans certaines circonstances par l'exemple suivant.

Qu'on emplisse une bouteille à mercure de mélange non calciné, on en introduira un peu plus de 2 kilogrammes ; qu'on mette dans une autre bouteille du mélange calciné à un point tel, qu'il soit devenu pâteux et ait commencé même à dégager du sodium, la diminution de volume du mélange étant considérable, on y pourra faire entrer jusqu'à 3^{kil},600 de mélange ; et ces deux bouteilles, chauffées au même feu pendant le même temps à peu près, donneront des quantités de sodium proportionnelles aux quantités de soude qu'on a employées. C'est en agissant ainsi que j'ai pu obtenir, sous la direction d'un excellent ouvrier qui faisait servir les bouteilles à quatre opérations à peu près, de très-beau sodium au prix si minime de 9^{fr} 25^c le kilogramme.

Dans la fabrication du sodium par les procédés continus, les mélanges pouvant être introduits rouges dans les appareils, cette calcination préalable sera une opération très-économique.

Appareils de réduction, de condensation du sodium et de chauffage. — M. Brunner a eu l'heureuse idée d'employer les bouteilles à mercure à la fabrication du potassium ; ainsi l'appareil de réduction s'est trouvé entre les mains de tous les chimistes, et à un prix tellement bas, qu'on a pu faire sans peine et partout du potassium. Les bouteilles à mercure sont également propres à la préparation du sodium, et les quantités de sodium qu'on peut obtenir dans ces appareils, la facilité avec laquelle on les chauffe, sont telles, qu'on aurait pu longtemps les faire servir à une fabrication industrielle, sans deux circonstances qui tendent à en élever le prix chaque jour. Depuis quelque temps on expédie en Australie et en Californie un grand nombre de bouteilles destinées aux chercheurs d'or ; de plus, les quantités assez considérables qui ont été consommées dans ces dernières années pour la préparation du sodium, en ont, à Paris, diminué le nombre, à tel point que, de 50 centimes ou 1 franc, le prix en a été porté rapidement à $2^{fr} 50^c$ ou 3 francs. Il a donc fallu songer à remplacer ces appareils et à leur substituer des tubes de plus grande dimension, qui ont d'ailleurs l'avantage de pouvoir servir à une fabrication continue. Je commencerai d'abord par donner la méthode de production dans les bouteilles à mercure qui peut être utilisée dans les laboratoires, et je décrirai ensuite les expériences qui permettent d'opérer la réduction du carbonate de soude dans des cylindres de fer de grande dimension.

1°. **Fabrication en bouteilles à mercure.** — L'appareil se compose du fourneau, de la bouteille à mercure qu'on y chauffe, et du récipient pour la condensation du sodium.

La forme du fourneau est parfaitement connue : c'est

5.

une cuve parallélipipédique CC (*fig.* 1), dont les parois sont en briques réfractaires, dont la grille G doit être faite avec des barreaux de fer mobiles, et qui communique par sa partie supérieure avec une cheminée d'un bon tirage. Le canal F, qui relie le fourneau à la cheminée, doit être muni d'un registre R, fermant bien, et doit venir s'ouvrir à la partie supérieure de la cuve, à un point tel, que le centre de l'ouverture se trouve sur l'axe de figure de la cuve : le tirage se répartit ainsi sur les divers points de la grille aussi également que possible. On charge le coke au moyen de deux ouvertures latérales placées en O au point de jonction du canal F avec la cuve C de chaque côté du fourneau. Il suffit pour cela de laisser libre une des briques du toit de la cuve : en l'ôtant et la replaçant successivement on ouvre et on ferme le fourneau. Il est bon également de ménager une ouverture à 10 centimètres au-dessus de la grille pour faire descendre le charbon au-dessous de la bouteille et de maintenir exactement plein de combustible l'espace compris entre la grille et la bouteille, pour empêcher le fer de brûler. En avant du fourneau se trouve une ouverture carrée P, garnie avec une plaque de fonte épaisse et percée d'un trou par lequel le tube T pourra faire saillie au dehors du fourneau.

La bouteille à mercure B est soutenue dans la cuve par deux briques réfractaires K, taillées à leur partie supérieure en forme de cylindre sur lequel repose et s'appuie solidement la bouteille. Ces briques doivent avoir 20 centimètres de hauteur, pour qu'il y ait entre la grille et la bouteille la distance convenable. La *fig.* 1 donne nettement les dimensions de ce fourneau dans un plan vertical. Dans le sens horizontal on doit ménager une largeur telle, qu'il y ait 12 centimètres de distance entre la bouteille et les parois de la cuve. Je ferai observer que ces dimensions doivent varier un peu avec l'énergie du tirage de la cheminée et la nature du combustible que l'on emploie. On peut tenir le fourneau un peu plus étroit lorsque le tirage est très-fort et le coke très-dense.

Le tube T en fer, qui peut être pris sur un canon de fusil, est fixé à la bouteille à vis, ou à frottement, pourvu que l'adhérence soit suffisante. On lui donne 5 à 6 centimètres environ de longueur, et il doit à peine faire une saillie de 8 à 10 millimètres en dehors du fourneau. Cette partie doit être rendue conique pour qu'on puisse la faire entrer facilement dans l'ouverture du récipient S.

Le récipient a la forme qu'indique la *fig.* 2 ; il est construit, à de légères différences près, comme l'indiquent MM. Donny et Mareska. J'ai tout fait pour donner à cet appareil toute la perfection qu'il comporte, et maintenant qu'une longue expérience m'en a appris tous les avantages, que je me suis appliqué à le rendre plus commode et plus maniable, je le retrouve à très-peu près identique à l'excellent instrument que ces auteurs ont décrit. Je dois dire pourtant que les très-légères différences que je vais indiquer sont rigoureusement indispensables à conserver pour que le récipient donne dans la fabrication du sodium les meilleurs résultats possibles ; car ici l'on peut et l'on doit s'en servir tout autrement que s'il s'agissait d'y condenser du potassium.

On prend deux plaques de tôle de 2 à 3 millimètres d'épaisseur : on les coupe de manière à leur donner la forme indiquée par la *fig.* 2. L'une d'elles, A', reste plate, sauf aux environs du point C, où l'on fait, en refoulant la tôle au marteau, un col demi-cylindrique de 25 millimètres de diamètre intérieur. Ce cylindre se raccorde avec la surface plane A' au moyen d'une surface conique qu'on fait aussi courte que possible, de manière qu'en joignant les deux plaques on ait un cylindre terminé par un cône tronqué communiquant avec l'intervalle parallélipipédique qui existe entre les deux plaques. La *fig.* 3 représente cette disposition par une coupe suivant un plan passant par l'axe commun du cône et du cylindre et perpendiculaire à la surface des plaques. Il faut qu'il existe un intervalle entre les deux plaques. Pour cela, on relève les bords de la plaque A, pour déterminer une saillie de 5 à 6 millimètres; on adoucit à la lime ces rebords et la surface de la plaque A', de manière qu'en les superposant, les parties de la tôle qui doivent être en contact se joignent bien et que l'espace compris entre les deux plaques soit bien fermé, excepté en D et D', où l'appareil est entièrement ouvert, comme l'indique la *fig.* 4 qui en montre la face postérieure.

La *fig.* 5 représente une autre disposition du récipient, dont je me sers lorsque je veux laisser le sodium s'y accumuler jusqu'à ce qu'il soit plein. L'espace resté ouvert en DD' est ici fermé par un rebord de la plaque A, excepté en O où ce rebord manque, et laisse une ouverture par laquelle s'échappent les gaz de la réaction.

La disposition la plus rationnelle de ces appareils, et que je ne ferai qu'indiquer ici, consisterait en un récipient ordinaire dont la partie inférieure I (*fig.* 6), au lieu d'être horizontale comme dans le récipient que je viens de décrire, serait au contraire inclinée de manière à permettre au sodium de s'écouler par une petite ouverture O' qu'on y ménagerait, tandis que les gaz s'échapperaient à la partie supérieure par une autre ouverture O, un peu plus large (1).

---

(1) Je me suis servi à Javel d'un récipient en fonte dont la forme et les dimensions, légèrement modifiées, servent exclusivement à la fabrication du sodium à Nanterre : il sera décrit un peu plus loin à l'article qui concerne nos procédés actuels.

Les deux plaques du récipient sont maintenues en contact par deux fortes vis de pression convenablement placées V, V (*fig.* 1). *Voyez* la Planche.

Pour fabriquer le sodium, on commence par remplir entièrement les bouteilles avec le mélange, on y ajuste le tube T, et on introduit le tout dans le fourneau où on a disposé préalablement les deux supports K, K (*fig.* 1), et que l'on a rempli de coke allumé, de manière à faire un lit de combustible bien tassé au-dessous de la bouteille; on charge de coke froid et on ouvre le registre. Les gaz qui se dégagent de la bouteille sont abondants, colorés en jaune, et, au bout d'une demi-heure, donnent une fumée blanche de carbonate de soude qui semblerait faire croire à la présence du sodium dans les gaz. Il ne faut pourtant pas encore adapter le récipient à la bouteille; mais il faut attendre jusqu'à ce qu'en introduisant une tige de fer froide dans le canon T, on voie s'y attacher du sodium qui brûle ensuite à l'air. Quand on a mis les récipients, et que, le tirage étant bon, le sodium se dégage vite, les récipients s'échauffent assez pour que le sodium condensé vienne couler à l'extrémité D; on le reçoit dans une bassine de fonte L, où l'on a mis un peu d'huile de schiste peu volatile. Quand au bout d'un certain temps le récipient s'engorge, on le remplace par un autre qu'on fait préalablement chauffer à 2 ou 300 degrés en le plaçant au-dessus du four. Si l'on emploie les récipients fermés, on attend qu'ils soient bien pleins de sodium, à ce point, par exemple, que le métal s'écoule en O (*fig.* 5), et, après les avoir enlevés, on les plonge dans une caisse de fonte pleine d'huile de schiste chauffée à 150 degrés. Le sodium coule au fond de la caisse, et à la fin de la journée on l'enlève avec une écumoire. Cette caisse et l'huile qu'elle contient sont bientôt échauffées et entretenues à une bonne température par les récipients qu'on y plonge à chaque instant. La caisse doit être munie de son couvercle, afin de la recouvrir dans le cas où l'huile de schiste prendrait feu. L'extinction est si subite, que cette circonstance ne crée aucun danger. Il arrive aussi qu'au moment où l'on va plonger les récipients dans l'huile, ils se vident d'eux-mêmes par l'une de leurs ouvertures. Le sodium alors coule à l'air sans s'enflammer, et l'on n'a plus qu'à nettoyer le récipient avant de s'en servir de nouveau (1).

Quand la fabrication marche bien, on ne recueille que du sodium pur; les matières carburées qui accompagnent d'une manière si gênante la préparation du potassium ne se retrouvent pour ainsi dire plus dans cette opération. Cependant, avant d'employer de nouveau un récipient qui vient de servir, on l'ajuste sur un cadre de fonte convenablement établi au-dessus d'une cuvette contenant de l'huile de schiste sous une épaisseur de quelques centimètres. On gratte les plaques du récipient avec un ciseau à froid muni d'un long manche en bois; on les ajuste et on les maintient au contact avec deux vis de pression, et elles sont de nouveau prêtes à servir.

De temps en temps on recueille la matière qui provient du grattage des plaques, on l'introduit dans une bouteille à mercure que l'on chauffe doucement d'abord, afin de recueillir l'huile de schiste qui distille et que l'on condense dans une autre bouteille à mercure refroidie. On pousse le feu, on ajuste les récipients et on mène l'opération comme une réduction ordinaire. Cette distillation est très-fructueuse et donne beaucoup de sodium.

______

(1) Cette méthode, qui occasionne une grande perte d'huile, a été complétement abandonnée dans la suite des essais faits à la Glacière et à Nanterre.

Le sodium brut est parfaitement pur et se dissout dans l'alcool absolu sans résidu ; on l'obtient souvent en masses de plus de 5oo grammes. On le fond et on le moule dans des lingotières, comme on le ferait pour du plomb ou du zinc. Il n'y a pas d'exemple que dans cette opération, que j'ai répétée souvent, et qui s'exécute journellement, il y ait eu une seule fois inflammation du sodium. Il faut seulement se mettre loin de l'eau.

La réduction du carbonate de soude et la production du sodium sont des opérations faciles, mais auxquelles on est si peu préparé par ce qu'on sait de la fabrication du potassium et ce qu'on en a dit dans les Traités de Chimie, qu'en général on ne réussit qu'après les avoir expérimentées pendant quelque temps. Quand on les manque, c'est toujours parce qu'on a pris un excès de précautions. La réduction doit être menée rapidement, de manière qu'une bouteille chargée de 2 kilogrammes de mélange soit chauffée et vidée en deux heures à peu près. Il ne faut pas prolonger l'opération au delà du moment où l'on voit baisser la flamme jaune qui sort des récipients. On brûlerait la bouteille à mercure en pure perte, et cependant on retrouve un résidu qui contient à peine autre chose que de la chaux et du charbon.

La température nécessaire à la réduction du carbonate de soude par le charbon n'est pas aussi élevée qu'on se l'est imaginé jusqu'ici. Nos bouteilles, d'après l'opinion d'un des hommes les plus experts en pareille matière, M. Rivot, qui a bien voulu assister à mes expériences, ne sont pas chauffées plus fortement que les cornues de la Vieille-Montagne placées à la partie moyenne du four à zinc. J'ai été même conduit, à la suite de ces observations, à essayer des bouteilles de fonte qui, je dois le dire, n'ont pas résisté à la première application de la chaleur (1), sans doute parce qu'elles n'étaient pas garanties contre l'action oxydante du foyer par un lut ou une enveloppe. En tous cas, on réussirait presque à coup sûr avec des bouteilles de fonte décarburées par la méthode que l'on emploie aujourd'hui à la fabrication de la fonte malléable. J'ajouterai encore que la température de réduction varie beaucoup avec la nature du carbonate de soude et la composition du mélange, comme le prouvent un grand nombre d'essais infructueux tentés dans cette direction. Les bouteilles à mercure chauffées directement, sans enveloppe, doivent servir à trois ou quatre opérations quand elles sont confiées à un bon ouvrier. Du reste, le succès de cette fabrication dépend uniquement de l'habileté et de l'expérience de l'ouvrier, qui peut faire varier le prix de revient du sodium du simple au double par la manière dont il conduit son feu.

2°. **Fabrication continue du sodium en cylindres.** — On aurait pu croire qu'en augmentant dans une égale proportion et dans toutes leurs parties les dimensions des appareils que je viens de décrire, on serait arrivé facilement à produire à la fois une plus grande quantité de sodium. Cette opinion, qui la première devait se présenter à mon esprit, a été la cause de bien des essais infructueux, dans le détail desquels je n'entrerai pas; mais je préviens à l'avance que rien ne serait plus nuisible au succès d'une opération comme celle que je vais décrire, que la négligence d'un détail de construction ou d'une prescription qui pourraient pa-

---

(1) On peut obtenir du sodium dans un appareil en fonte non protégé; mais du moment que le dégagement devient rapide, la fonte entre en fusion parce que la température nécessaire à la production rapide du sodium en vases *d'un petit volume* est suffisante pour déterminer la destruction des appareils.

raître insignifiants au premier abord, mais qui toujours, on peut en être persuadé, m'ont été imposés par un accident dans la fabrication. Ainsi l'on trouvera peut-être peu rationnel que j'aie conservé, pour des appareils de réduction cinq fois plus grands, les mêmes tubes de dégagement et les récipients de même dimension que pour l'opération en bouteilles à mercure. Mais je n'ai été amené à adopter ces dimensions restreintes qu'après avoir essayé inutilement l'emploi de tubes et de récipients de toutes dimensions, et il est heureux pour le succès de l'opération qu'il en soit ainsi, car il était très-pénible pour les ouvriers de manier, en face de la flamme du sodium, des appareils volumineux et lourds qui, par cela même, devenaient dangereux.

Le mélange de charbon et de carbonate de soude se fait de la manière que j'ai décrite déjà ; je dirai encore une fois qu'une forte calcination de ces matières a ici un avantage assez considérable, non-seulement parce qu'elle permet d'en introduire dans les appareils un plus grand poids à la fois, mais encore parce que, étant plus compactes, les mélanges ne peuvent pas être enlevés à l'état de poussière et chassés hors des tubes violemment chauffés où on va les introduire. On pourrait même les calciner au fur et à mesure du besoin, et s'en servir, pendant qu'ils sont encore rouges, pour remplir les tubes. Quand on se sert de mélanges non calcinés ou froids, on en remplit des gargousses en gros papier ou en toile de 8 centimètres de diamètre et de 35 centimètres de longueur.

Les tubes T (*fig.* 8), dont je me suis servi, sont des tubes étirés et soudés de la fabrique de M. Gandillot. Ils ont 120 centimètres de longueur et 14 centimètres de diamètre intérieur. Leur épaisseur est de 10 à 12 millimètres. Quand on les livre, ils sont fermés par un bout et ouverts par l'autre. La plaque de fer P, qui ferme ces tubes, a 2 centimètres environ d'épaisseur; on la perce à l'un de ses bords, et tout près de la paroi du cylindre, d'un trou (1), dans lequel on fait entrer, à vis ou frottement, un tube de fer L long de 5 à 6 centimètres, de 15 à 20 millimètres de diamètre intérieur, et terminé en forme de cône pour recevoir un récipient exactement comme je l'ai déjà décrit. L'ouverture béante du tube est fermée par un tampon de fer O, terminé par un crochet : c'est par cette ouverture qu'on introduira le mélange.

Ces tubes de fer ne doivent pas, comme les bouteilles à mercure, être chauffés à feu nu; il faut les enduire d'un lut résistant, qu'on enveloppe lui-même d'un manchon en terre réfractaire de 1 centimètre d'épaisseur, de 22 centimètres de diamètre intérieur et d'une longueur de $1^m,20$ égale à la longueur des tubes. On commence par enduire le tube d'un mélange d'argile grise et de terre à poêle, à parties égales, que l'on combine intimement au moyen de l'eau et par le pétrissage avec du sable de Fontainebleau en quantité considérable; on introduit le sable peu à peu dans la pâte, et on ne s'arrête que lorsque la matière perd toute plasticité; on peut encore y ajouter un peu de crottin de cheval. M. Balard m'a conseillé de maintenir le tout en enroulant autour de la pâte encore molle du fil de fer mince : ce qui doit produire un très-bon effet. On fait sécher le lut lentement; on introduit ensuite le tube de fer ainsi apprêté dans le manchon de terre réfractaire, et on emplit exactement l'espace compris entre le tube et le manchon avec de la brique réfractaire pulvérisée et fortement tassée. Enfin on met du

---

(1) Ce trou doit être percé de telle manière, que la soudure se trouve plus tard à la partie supérieure du tube une fois posé dans le fourneau.

lut sur la plaque de fer P de manière que le fer ne soit nulle part à nu dans la flamme.

Le four dont je me suis servi, et dont je ne recommande pas l'emploi sans modifications importantes, parce qu'il ne me semble pas réaliser toutes les conditions d'un chauffage facile et économique, est un four à réverbère, dont les *fig.* 7 et 8 peuvent donner une idée assez exacte. La grille et le foyer sont partagés en deux parties égales par un petit mur de briques réfractaires d'une hauteur de 40 à 50 centimètres, sur lequel repose la partie moyenne des cylindres de réduction ; ce qui constitue deux foyers partiels, sur lesquels on jette le charbon par deux ouvertures latérales K. Ces ouvertures sont fermées par le combustible, qu'on entasse sur une tablette M, placée en avant. Elles sont à une hauteur telle, qu'on peut mettre sur la grille le charbon sous une épaisseur de 20 centimètres. Il y a donc entre le combustible et les cylindres une distance de 30 centimètres environ, qui est insuffisante pour que l'on puisse obtenir un bon effet avec de la houille seule. Le chauffage s'effectuait, en effet, avec un mélange, en parties à peu près égales, de coke et de houille. Un autel A, dont la hauteur dépasse un peu le niveau supérieur des cylindres, donnait à la flamme de la verticalité, et la voûte très-surbaissée V la faisait circuler tout autour des cylindres. On aurait pu facilement, et sans augmenter la dépense en combustible, placer au-dessus des deux premiers un troisième cylindre qui aurait reçu autant de chaleur qu'il était nécessaire.

Le réverbère F recevait sur sa sole les mélanges à calciner renfermés dans des pots de fonte ou de terre, suivant la nature de ces mélanges, les creusets contenant l'aluminium imprégné de scories, etc. Lorsque le four marchait jour et nuit pour sodium, la température s'élevait sur la sole au rouge-cerise clair, et l'expérience me démontre qu'on aurait pu y placer de nouveaux cylindres à réduction, qui y auraient certainement été assez échauffés après la mise en feu complète (1).

Tout ce que j'ai dit de la fabrication du sodium dans les bouteilles à mercure s'applique également à la fabrication en cylindres. La seule différence consiste dans le chargement et le déchargement, et je n'ai à ajouter que quelques précautions à prendre dans cette opération.

On introduit le mélange dans des gargousses de toile ou de papier ; quand il n'a pas été calciné, on n'en peut chauffer à la fois que 9 à 10 kilogrammes, quantité qu'on pourrait doubler au profit de l'opération si une forte calcination préalable augmentait la densité de ce mélange. On ferme avec le tampon O, qu'on a soin de laisser un peu mobile, de façon qu'il soit toujours facile à enlever ; un peu de terre à poêle empêche toute fuite, quand il s'en déclare. La réduction, qui dure environ quatre heures,

---

(1) « La meilleure disposition qu'on pourrait essayer de donner au four » serait celle du four à puddler, dont la figure est donnée dans l'atlas du » *Traité de Chimie* de M. Dumas, *Pl. LXVI, fig.* 2. La sole devrait être » rectangulaire, et la hauteur de la plate-forme de l'autel, au-dessus de la » grille, devrait être diminuée. La sole elle-même devrait être plus élevée » par rapport à l'autel, et recevrait des supports en briques réfractaires » de diverses hauteurs sur lesquels reposeraient des cylindres. Ceux-ci » seraient disposés en quinconce sur deux plans horizontaux parallèles, et » la voute très-surbaissée forcerait la flamme à lécher également tous les » points de leur surface. Les parois verticales du four seraient percées » convenablement pour laisser passer le fond des cylindres et les tubes » de dégagement pour la vapeur de sodium. L'expérience seule permettra » de dire le nombre de cylindres que l'on pourrait chauffer avec des » foyers d'une surface donnée. »

Ce projet, que je transcris ici en l'empruntant à mon Mémoire de 1856, a été exécuté à l'usine de la Glacière. Nous avons constaté que ce mode de chauffage était excellent et très-régulier. Je reviendrai un peu plus loin sur ce sujet.

étant finie, on jette un peu d'eau sur le tampon O, et il se
détache facilement. En regardant dans l'intérieur du cylindre, on retrouve les gargousses avec leur forme; seulement elles ont diminué de telle manière, que leur diamètre n'est plus que de 2 à 3 centimètres, et elles sont
très-spongieuses. Ceci démontre que le mélange n'a pas
fondu, mais que la matière diminuant toujours de poids,
la carcasse de chaux et de charbon qui reste est presque
entièrement dépouillée de carbonate de soude. Au moment où l'on ouvre le cylindre, on introduit dans le tube
de dégagement L une tige de fer rouge clair qui l'empêche de s'encrasser, et on l'enlève lorsque le nouveau chargement est fini. Les gargousses sont introduites dans le
cylindre au moyen d'une pelle demi-cylindrique, avec laquelle on les dépose à l'entrée, et on les pousse rapidement avec un refouloir en fer jusqu'au point où elles doivent rester. Dans cette opération, l'échauffement subit du
mélange dégage de la poussière de soude, très-désagréable
pour les ouvriers si le mélange n'a pas été calciné. On
ferme le cylindre avec le tampon, et, lorsque la flamme
du sodium apparaît, on ajuste les récipients, etc.

L'enveloppe des cylindres est assez épaisse pour que la
distillation du sodium ne souffre en aucune manière des
causes de refroidissement accidentel qu'éprouve le foyer.
Ainsi, lorsqu'on charge le combustible, lorsqu'on ouvre
la porte du réverbère, la chaleur diminue dans le foyer,
le tirage cesse presque entièrement, et cependant l'opération ne doit pas souffrir de ces intermittences, pourvu
que les causes perturbatrices de l'allure normale du four
ne soient pas prolongées. En définitive, quand on opère
dans des cylindres, la production du sodium est plus facile, moins pénible pour les ouvriers et moins coûteuse
sous le rapport de la main-d'œuvre et du combustible que

quand on opère dans les bouteilles à mercure. Mon expérience, qui a duré une dizaine de jours, avec des interruptions dangereuses pour l'enveloppe des cylindres, après des essais compromettants pour l'appareil, a été brusquement arrêtée. Le four a été visité ; il était intact. L'enveloppe des cylindres, en terre réfractaire, était fendillée, mais le lut était compacte et d'une résistance parfaite ; cohérent, mais sans traces de fusion. Enfin les tubes de fer n'avaient rien perdu, ni à l'intérieur ni à l'extérieur, de sorte que leur durée paraissait devoir être presque illimitée. J'attribue ce succès aux soins particuliers que j'avais fait donner à la confection des enveloppes et à la perfection avec laquelle les soudures des tubes Gandillot avaient été forgées. Sur l'un des tubes seulement, et dans les parties les moins chauffées, une fissure très-courte, qui ne s'étendait pas à toute l'épaisseur, s'était déclarée et n'a pas été jugée dangereuse. Enfin, les cylindres réfractaires, que m'avait confectionnés M. Laudet, étaient évidemment de très-bonne qualité.

Essais à la Glacière. — A l'usine de la Glacière, nous avons voulu essayer le système de la fabrication continue, et en cylindres *protégés*, en opérant sur une plus grande échelle encore, et voici le résultat de nos expériences.

Nous n'avons rien changé à la composition du mélange, à la forme ou à la dimension des tubes de fer ni au mode de condensation. Seulement nous avons opéré à la fois sur six cylindres en fer forgé de M. Gandillot, protégés par l'enveloppe de terre qui a été décrite plus haut. Ces cylindres étaient rangés sur la sole d'un four à réverbère disposé de telle manière, que la flamme léchait successivement toutes les parties de leur surface extérieure. Sur le milieu de la sole régnait un petit mur en brique, sur lequel s'appuyaient les cylindres; entre ceux-ci et la sole bien damée en sable réfractaire, il existait un espace que remplissait la flamme du combustible.

Nos six cylindres ont marché avec un assez bon rendement pendant cinq jours. Nous avons pu observer qu'ils étaient tous chauffés avec une uniformité remarquable et que partout la chaleur était suffisante. Enfin nous avons vu que la partie postérieure des cylindres n'exigeait aucunement une fermeture hermétique. En effet, dès que l'opération est commencée, il distille du sodium, qui, venant se condenser et s'oxyder dans les parties froides de l'appareil, forme une sorte de cloison en carbonate de soude que la vapeur et les gaz ne franchissent plus. Nous avons pu ainsi et pendant longtemps recueillir du sodium provenant de l'un de nos tubes qui était ouvert entièrement à sa partie postérieure.

Le nouveau four marchait assez bien pour nous donner l'espoir d'une réussite complète, lorsqu'un accident imprévu nous força de mettre fin à l'expérience pour préserver les tubes de fer qui avaient pour nous un très-grand prix. En effet, les tubes de fer commandés pour avoir une longueur de $1^m,20$, d'après laquelle avait été calculée la largeur de la sole, nous avaient été livrés avec une longueur de $1^m,05$ seulement, de sorte que les bouchons de la partie postérieure rougissaient pendant l'opération et laissaient suinter des vapeurs de sodium qui, pénétrant à notre insu dans l'intérieur du four, fondirent nos enveloppes avec une rapidité extrême.

Une autre expérience, dans laquelle cette faute avait été évitée, ne réussit pas non plus, parce que les enveloppes cédèrent presque au premier coup de feu et que

6

nos tubes de fer étaient de qualité inférieure. Nous sentîmes l'inconvénient d'un système qui nous forçait à des dépenses considérables avant d'obtenir un résultat certain. C'est alors que fut imaginée une autre sorte de vase dont je donnerai plus loin la description. On verra que nous nous sommes assujettis à employer des tubes dont la valeur comparativement très-faible pût, en cas d'accident, être sacrifiée sans de grandes pertes, et à les chauffer dans des fours indépendants, de telle sorte que la destruction d'un appareil ne pût entraîner la perte des appareils voisins.

Vases de fonte. — Avant de terminer ce chapitre, je dois dire que nous avons cru nécessaire d'essayer, à la Glacière, comme je l'avais fait à Javel, l'emploi de vases en fonte pour la fabrication du sodium. Le résultat a toujours été défavorable. On obtient bien du sodium; mais, du moment où sa production devient rapide, le vase fond et l'opération se termine brusquement. Cela vient de ce que la température nécessaire à la formation du métal est loin d'être suffisante pour sa production en grande quantité à la fois. Et nous savons que c'est là une condition pour que le sodium se condense bien et s'obtienne économiquement. Cette observation me porte à croire qu'on pourra en diminuant beaucoup la température dans les fours à sodium, opérer avec de grands appareils en fonte à large surface, susceptibles de former à la fois une grande quantité de vapeurs métalliques venant se concentrer dans des récipients de taille ordinaire. Mon expérience, en effet, m'a toujours démontré que dans des tubes de grande dimension, mais chauffés à une température peu élevée, il se formait dans le même temps autant de sodium que dans une bouteille à mercure dont la température était beaucoup plus haute. C'est pourquoi on n'emploie pas de récipients plus grands dans l'un que dans l'autre cas. Avant de connaître cette circonstance, j'ai dû tenter un grand nombre d'essais infructueux pour déterminer la dimension des récipients qu'il fallait adapter aux grands appareils. C'est sur ce principe que se fondent des expériences que j'ai tentées depuis longtemps pour faire du sodium, sans être obligé de porter aussi haut la température, en employant des vases moins coûteux ou plus faciles à protéger.

§ IV. — FABRICATION DE L'ALUMINIUM.

Aluminium parfaitement pur. — Pour obtenir de l'aluminium parfaitement pur, il faut employer des matières d'une pureté absolue, n'opérer la réduction du métal qu'en présence d'un fondant tout à fait volatil, et enfin ne le chauffer jamais, surtout avec un fondant, dans un vase siliceux à une température élevée.

Matières pures. — La nécessité de l'emploi des matières absolument pures est facile à comprendre : toutes les impuretés métalliques se concentrent dans l'aluminium, et malheureusement je ne connais aucun moyen absolu de purification pour ce métal. Ainsi, je suppose qu'on prenne de l'alun contenant 1 millième de fer et 11 pour 100 d'alumine : l'alumine qu'on en retirera retiendra 1 centième de fer, et en supposant même que cette alumine rende tout l'aluminium qu'elle contient, le métal sera souillé d'une manière préjudiciable par 2 centièmes de fer.

Influence du fondant ou de la scorie. — Le fondant de l'aluminium ou le produit de la réaction du sodium sur la matière aluminifère doit être volatil, pour qu'on puisse séparer par la chaleur l'aluminium de toutes les matières avec lesquelles il a été en contact et dont il reste imprégné obstinément à cause de sa faible densité.

Influence des vases. — Les vases siliceux dans lesquels on fond ou on recueille l'aluminium, lui cèdent nécessairement une grande quantité de silicium, qui est une impureté dangereuse pour le métal. On ne peut en séparer le silicium par aucun moyen, et il semble acqué-rir, par la fusion dans des vases siliceux, une tendance d'autant plus grande à s'emparer du silicium, qu'il en contient déjà plus ; de sorte qu'au bout d'un petit nombre de refontes, l'aluminium siliceux devient très-réfractaire.

C'est pour éviter tous ces écueils que je recommande de suivre scrupuleusement le procédé suivant pour avoir de l'aluminium pur :

Procédé par le sodium. — On prend un gros tube de verre de 4 centimètres de diamètre environ, on y intro-duit 200 à 300 grammes de chlorure d'aluminium pur qu'on isole entre deux tampons d'amiante. Par une des extrémités du tube on fait arriver de l'hydrogène bien purgé d'air et sec (1). On chauffe dans ce courant de gaz le chlorure d'aluminium, à l'aide de quelques charbons, afin de chasser l'acide chlorhydrique, les chlorures de soufre et de silicium dont il est toujours imprégné. On introduit ensuite dans le tube des nacelles de porcelaine, aussi grandes que possible, contenant chacune quelques gram-mes de sodium préalablement écrasé entre deux feuilles

---

(1) Pour cela on fait passer le gaz au travers d'une boule remplie d'un mélange d'éponge et de noir de platine et légèrement chauffée. On le des-sèche ensuite avec de la chaux potassée.

de papier à filtrer bien sec. Le tube étant plein d'hydrogène, on fond le sodium, on chauffe le chlorure d'aluminium qui distille et se décompose avec une incandescence
que l'on modère très-bien, au point de la rendre nulle
si l'on veut. L'opération est terminée quand tout le sodium a disparu et que le chlorure de sodium formé a
absorbé assez de chlorure d'aluminium pour en être
saturé.

Alors l'aluminium baigne dans le chlorure double d'a-
luminium et de sodium, composé très-fusible et volatil.
On extrait les nacelles du tube de verre, on en fait entrer le contenu tout entier dans des nacelles de charbon
de cornue qu'on a préalablement chauffées dans du chlore
sec pour les débarrasser de toute matière siliceuse ou
ferrugineuse. On les introduit dans un gros tube de porcelaine, muni d'une allonge et traversé par un courant
d'hydrogène sec et exempt d'air. On chauffe au rouge vif:
le chlorure d'aluminium et de sodium distille sans décomposition, on le recueille dans l'allonge, et on trouve après
l'opération dans chaque nacelle tout l'aluminium ras-
semblé en un ou deux petits culots au plus. Les nacelles
doivent être entièrement dépouillées de chlorure double
d'aluminium et de sodium ou même de sel marin quand
on les retire du tube de porcelaine. On réunit les culots
d'aluminium dans un petit creuset de terre qu'on chauffe
aussi faiblement que possible, de manière cependant à
fondre le métal, et on l'écrase avec une petite baguette
en terre ou un tuyau de pipe. Le métal se rassemble, et
on le coule dans une lingotière de fonte bien propre.

Méthode de fabrication suivie à Javel. — L'aluminium que j'ai fabriqué à Javel provenait d'appareils
très-défectueux, qui n'étaient que la reproduction, sur

une grande échelle, de mes procédés de laboratoire fondés sur la méthode mémorable de M. Wöhler. J'en donnerai cependant la description, parce que la connaissance de ces essais n'est pas inutile aux perfectionnements que peut recevoir l'industrie d'un métal nouveau.

Le chlorure d'aluminium brut, introduit dans un cylindre A (*fig.* 11), et chauffé par un petit foyer F, distille facilement et passe, au moyen du tube Y, dans un cylindre B contenant 60 à 80 kilogrammes de pointes de fer et chauffé au rouge sombre par un petit foyer G. Sur le fer restent : le perchlorure de fer, aussi volatil, il est vrai, que le chlorure d'aluminium, mais qui se transforme en protochlorure de fer fixe à cette température; l'acide chlorhydrique provenant de l'action de l'humidité atmosphérique sur le chlorure d'aluminium; enfin le chlorure de soufre, qui passe à l'état de protochlorure et de sulfure de fer. Le cylindre B est suivi d'un tube très-large C, où s'arrêtent les lamelles minces de protochlorure de fer, qu'entraînent mécaniquement les vapeurs. Enfin, celles-ci arrivent dans un cylindre D de fonte, dans lequel sont placées trois grandes nacelles N également en fonte, et recevant chacune 500 grammes de sodium. Le tube C est maintenu à une température de 200 à 300 degrés, suffisante pour empêcher la condensation du chlorure d'aluminium et à laquelle cependant le protochlorure de fer n'a pas de tension sensible. Quant au tube D, on l'échauffe de manière qu'il soit à peine au rouge sombre dans sa partie inférieure, la réaction qui va se produire entre le sodium et le chlorure d'aluminium étant assez vive pour que souvent on soit obligé d'enlever tout combustible. Lorsque le chlorure d'aluminium arrive au contact du sodium, il se forme du sel marin et de l'aluminium. Bientôt le sel marin se combine avec l'excès de chlorure d'aluminium, et l'on obtient un chlorure double, assez volatil pour aller se condenser sur le sodium de la nacelle voisine, où il se décompose de nouveau pour reconstituer de l'aluminium et du sel marin aux dépens du sodium. On s'aperçoit aisément que la réaction, qui ne commence dans une nacelle qu'après avoir été épuisée dans celle qui la précède, est terminée dans tout le cylindre, lorsque, en ouvrant le couvercle W, on voit le sodium de la dernière nacelle entièrement transformé en une matière mamelonnée noire et baignant dans un liquide incolore, qui est le chlorure double d'aluminium et de sodium. On enlève alors les nacelles, que l'on remplace immédiatement par d'autres, et on les laisse refroidir en les couvrant d'une nacelle vide.

On retire le contenu de chaque nacelle, que l'on introduit dans des pots de fonte ou dans des creusets de terre que l'on chauffe dans le réverbère du four à sodium, jusqu'à ce que la fusion de la matière soit complète et que le chlorure double commence à se volatiliser. La plupart du temps, la réaction entre le chlorure d'aluminium et le sodium ne s'achève pas dans le cylindre, le sodium étant protégé, à une certaine épaisseur, par le sel marin formé à ses dépens. Mais le chlorure double d'aluminum et de sodium, qu'on trouve à la partie supérieure des nacelles, suffit toujours pour que le sodium soit entièrement absorbé dans les pots ou creusets, et que l'aluminium reste, en définitive, au contact d'un grand excès de son chlorure; ce qui est indispensable pour le succès de la fabrication.

Lorsque les pots ou les creusets sont froids, on extrait de leur partie supérieure une couche de sel marin, qu'on met de côté, et à la partie inférieure, des globules de métal plus ou moins pur, qu'on sépare par un lavage à l'eau ; mais malheureusement cette eau, dissolvant le chlorure d'aluminium du fondant, exerce sur le métal une action destructive très-rapide, et l'on ne sauve de cette opération que les globules plus gros que la tête d'une épingle. On les réunit, on les sèche, on les met dans un creuset de terre que l'on chauffe au rouge, et on les écrase, lorsqu'ils commencent à fondre, avec une baguette de terre. Tout alors se réunit en un seul culot, que l'on coule dans une lingotière.

Il faut avoir un soin extrême d'enlever du sodium tous les morceaux de charbon sodique dont il est accompagné lorsque sa préparation a été mal conduite et sa purification incomplète, sans quoi il se forme des quantités considérables de cyanates ou de cyanures métalliques qui, au contact de l'eau, dégagent de l'ammoniaque abondamment et détruisent encore de l'aluminium. Il faudrait bien se garder aussi de vouloir fondre ou réunir de l'aluminium contenant un excès de sodium ; il prendrait feu partiellement, et la combustion ne cesserait que lorsque tout le sodium serait complétement brûlé. Il vaudrait mieux le refondre en présence d'un peu de chlorure double d'aluminium et de sodium.

Tel est le détestable procédé au moyen duquel ont été fabriqués les lingots d'aluminium qui ont été mis à l'Exposition. Pour comble de malheur, pressé par le temps et ignorant l'action du cuivre sur l'aluminium, j'avais, dans presque toutes mes expériences, employé des cylindres à réaction et des nacelles en cuivre, de sorte que l'aluminium que j'en retirais contenait des quantités notables de ce métal et constituait un véritable alliage. Aussi, il avait perdu presque toute sa ductilité et sa malléabilité, il avait une teinte grise désagréable, et enfin, au bout d'un à deux mois, il se ternissait en se recouvrant d'une couche d'oxyde ou de sulfure noir de cuivre, qu'on ne pouvait enlever qu'en les trempant dans l'acide nitrique (1). Mais, chose singulière, un lingot d'argent vierge qui avait été mis à côté du lingot d'aluminium, afin que le public pût constater facilement la différence de couleur et de poids des deux métaux, noircissait encore plus vite que l'aluminium impur. Un seul des barreaux, qui ne contenait pas de cuivre, est resté sans altération depuis le jour de sa fabrication jusqu'aujourd'hui.

C'est de l'aluminium cuivreux que j'ai remis à M. Regnault, qui m'en avait demandé pour en prendre la chaleur spécifique. Je l'avais averti, à cette époque, du nombre et de la nature des impuretés qu'il devait y rencontrer, et l'analyse de M. Salvétat, qui est citée dans le Mémoire de M. Regnault, au paragraphe relatif à l'aluminium, s'accorde avec la composition moyenne des échantillons que je produisais et que j'ai analysés à cette époque. C'était à regret que je donnais une matière aussi impure pour la voir servir à des déterminations d'une grande précision. Les instances de M. Regnault, qui ne pouvait attendre que je lui en fisse préparer d'autre dans mon laboratoire, m'ont seules déterminé.

C'est encore cet aluminium cuivreux que M. Hulot a appelé *aluminium dur* dans une Note sur les propriétés physiques de ce métal qu'il a adressée à l'Académie des Sciences. M. Hulot a remarqué que cet alliage, qui est cristallisé, après avoir été comprimé sous le balancier entre des viroles, peut perdre sa structure, à laquelle il doit

---

(1) Je n'ai pas encore de bon procédé pour purifier l'aluminium : ce qui me réussit le mieux, c'est la liquation et l'oxydation des métaux étrangers à la moufle. M. Peligot m'a montré des boutons d'aluminium impur et aigre qu'il avait passés à la coupelle avec du plomb et qui étaient devenus très-malléables.

son aigreur, et devenir très-malléable. Il possède alors une telle rigidité, qu'il s'est imprimé dans les rouleaux d'un laminoir d'acier. Bien plus, l'aluminium dur devient tout à fait inaltérable quand il perd sa texture.

Procédé par la vapeur de sodium. — Ce procédé, que je n'ai pas encore perfectionné, est très-facile à pratiquer et m'a donné de l'aluminium très-pur du premier jet. Voici comment j'ai opéré.

J'ai rempli une bouteille à mercure avec le mélange de craie, de charbon et de carbonate de soude dont il a été question plus haut. A la bouteille on a vissé un tube de fer de 10 centimètres de longueur et on a placé le tout dans un fourneau à vent, de façon que la bouteille a été portée à la température du rouge blanc et le tube de fer chauffé au rouge jusqu'à son extrémité. On introduit le bout du tube de fer dans un trou fait en bas et au quart de la hauteur d'un grand creuset de terre, de manière que l'extrémité du tube vienne affleurer la paroi intérieure du creuset. L'oxyde de carbone qui se dégage brûle bien au fond du creuset, l'échauffe et le dessèche, puis la flamme du sodium paraît, et alors on jette de temps à autre dans le creuset du chlorure d'aluminium qui se volatilise et se décompose au devant de cette sorte de tuyère qui amène la vapeur réductrice. On est averti qu'il faut ajouter du chlorure d'aluminium dans le creuset, lorsque les vapeurs qui en sortent cessent d'être acides et que la flamme du sodium brûlant dans l'atmosphère de chlorure d'aluminium perd de son éclat. Quand l'opération est terminée, on casse le creuset, et on retire de la portion de sa paroi qui est située au-dessus de l'orifice du tube de fer une masse saline composée de sel marin, d'une quantité considérable de petits globules d'aluminium et enfin de charbon sodique, qui est en quantité d'autant plus grande que l'opération a marché plus lentement. Il provient de la décomposition de l'oxyde de carbone opérée par le sodium dans les circonstances qu'ont fort bien déterminées MM. Donny et Mareska, et que sans doute on pourra modifier dans un appareil convenablement construit.

On détache ces globules en plongeant la masse saline dans l'eau, et alors il faut observer la réaction de l'eau de lavage au papier de tournesol. Si l'eau qui a séjourné sur la masse saline et qui est destinée à la désagréger est acide, il faut la renouveler souvent; si la réaction est alcaline, il faut laisser digérer la masse imprégnée de métal dans de l'acide nitrique étendu de trois ou quatre fois son poids d'eau : cet acide neutralise l'alcali qui attaquerait l'aluminium en présence de l'eau et laisse le métal intact. On réunit ensuite tous les globules en les fondant avec les précautions que j'ai indiquées un peu plus haut lors de la préparation de l'aluminium par le sodium solide.

Préparation par la pile (1). — Il m'a paru jusqu'ici impossible d'obtenir l'aluminium par la pile dans des liqueurs aqueuses. Je croirais même à cette impossibilité d'une manière absolue, si les expériences brillantes de M. Bunsen sur la production du barium, du chrome et du manganèse (2) n'ébranlaient ma conviction. Cependant je dois dire que tous les procédés de ce genre qui ont été publiés récemment pour la préparation de l'aluminium ne m'ont donné qu'un résultat négatif.

Tout le monde connaît le procédé si élégant au moyen duquel M. Bunsen a préparé le magnésium (3), en décomposant par la pile le chlorure de magnésium. L'illustre

------

(1) *Annales de Chimie et de Physique*, 3ᵉ série, tome XLI.

(2) *Annales de Chimie et de Physique*, 3ᵉ série, tome XXXVI.

(3) Un procédé à très-peu près identique à celui que je vais décrire, a été publié en Allemagne par M. Bunsen, dans les *Annales de Poggendorff*.

professeur d'Heidelberg a ouvert une voie qui peut amener à des résultats intéressants à bien des points de vue. Cependant on ne pouvait songer à appliquer la pile à la décomposition directe du chlorure d'aluminium, qui ne fond pas, mais qui se volatilise à basse température : il fallait donc trouver une composition pour le bain métallique qui permît d'avoir une matière fusible dont l'aluminium serait seul susceptible d'être déplacé par le courant électrique. Je l'ai rencontrée dans le chlorure double d'aluminium et de sodium, dont la production est une des circonstances qui accompagnent toujours la préparation de l'aluminium par le sodium. Ce chlorure, fusible vers 185 degrés, fixe à une température assez élevée, quoique volatil au-dessus du point de fusion de l'aluminium, réunissait toutes les conditions désirables. Je l'ai introduit dans un creuset de porcelaine séparé en deux cloisons d'une manière imparfaite par une lame de porcelaine dégourdie, et je l'ai décomposé au moyen d'une pile de cinq éléments et d'électrodes en charbon en chauffant le creuset et augmentant toujours la chaleur pour maintenir à l'état liquide la matière de moins en moins fusible, sans pourtant dépasser le point de fusion de l'aluminium. Arrivé à ce point, je me suis arrêté, et, après avoir enlevé le diaphragme et les électrodes, j'ai chauffé au rouge vif et j'ai trouvé au fond du creuset un culot d'aluminium qui a été laminé et montré à l'Académie dans sa séance du 20 mars 1854. Il était accompagné d'une quantité considérable de charbon qui avait mis obstacle à la réunion en une seule masse d'une portion notable de métal. Ce charbon provenait de la dissociation du charbon de cornue très-dense qui me servait

---

à la même époque que le Mémoire où je fais connaître cette méthode, que j'avais moi-même donnée dans mes cours longtemps auparavant. J'emprunte à mon Mémoire les détails qui vont suivre.

d'électrode, et en effet l'électrode positive était entièrement rongée, malgré son épaisseur assez considérable. Cette disposition de l'appareil, telle que M. Bunsen l'avait adoptée pour le magnésium, ne pouvait donc convenir ici, et voici, après beaucoup d'essais, le procédé auquel je me suis tenu.

On prépare le bain d'aluminium en pesant 2 parties de chlorure d'aluminium et y ajoutant 1 partie de sel marin sec et pulvérisé. On mêle le tout dans une capsule de porcelaine chauffée à 200 degrés environ. Bientôt la combinaison s'effectue avec dégagement de chaleur, et l'on obtient un liquide très-fluide. C'est là le bain à décomposer.

L'appareil est composé d'un creuset en porcelaine verni, que par précaution on introduit dans un creuset de terre plus grand ; le tout est surmonté d'un couvercle de creuset, percé d'une fente pour laisser passer une lame

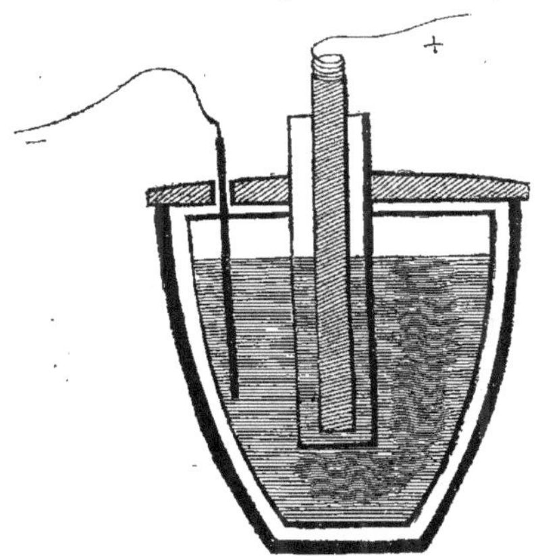

de platine large et épaisse qui sert d'électrode négative, et d'une ouverture dans laquelle on introduit à frottement dur un vase poreux bien sec : on y mettra un cylindre de charbon de cornues qui sera l'électrode positive. Le fond du vase poreux doit être maintenu à quelques centimètres

de distance du fond du creuset de porcelaine. On emplit
jusqu'à la même hauteur verticale le creuset de porcelaine
et le vase poreux de chlorure d'aluminium et de sodium
fondu, et on chauffe constamment l'appareil avec les précautions déjà indiquées. On introduit les électrodes, et
l'on fait passer le courant. L'aluminium se dépose avec
du sel marin sur la lame de platine ; le chlore avec un
peu de chlorure d'aluminium se dégage dans le vase poreux : des fumées se produisent, et on les détruit en introduisant de temps en temps du sel marin sec et pulvérisé
dans le vase poreux. Ce sel se transporte pendant l'opération au pôle négatif en même temps que l'aluminium.
Un petit nombre d'éléments (deux à la rigueur suffisent)
sont nécessaires pour décomposer le chlorure double, qui
ne présente qu'une faible résistance à l'électricité.

On enlève de temps en temps la plaque de platine
quand elle est suffisamment chargée du dépôt métallique
et salin. On la laisse refroidir, on brise la masse saline
rapidement, et on introduit de nouveau la lame dans le
courant. On prend un creuset de porcelaine qu'on en-
ferme dans un creuset de terre, et l'on y fond la matière
brute détachée de l'électrode. Après le refroidissement,
on traite par l'eau, qui dissout une grande quantité de
sel marin, et l'on obtient une poudre métallique grise
qu'on réunit en culots par plusieurs fusions successives,
en employant au besoin, comme fondant, le chlorure
double d'aluminium et de sodium.

A la fin de l'opération, on trouve dans le vase poreux
une grande quantité de charbon qui s'est détaché de
l'électrode positive.

Les premières portions de métal obtenues par ce procédé sont presque toujours cassantes : c'est la fonte d'a-
luminium dont il a été question déjà. On peut cependant

par la pile l'obtenir aussi beau que par le sodium, mais il faut employer du chlorure d'aluminium plus pur ou qui a déjà servi. Et, en effet, dans le procédé par le sodium, on enlève, au moyen de l'hydrogène, le silicium, le soufre, et même le fer, qui passe à l'état de protochlorure fixe, tandis que toutes ces impuretés restent dans le liquide que l'on décompose par la pile, et sont enlevées avec les premières portions de métal réduit.

Aluminium par la pile. — Le même bain de chlorure double d'aluminium et de sodium peut servir à recouvrir d'aluminium, et en particulier le cuivre, sur lequel nous avons opéré, le capitaine Caron et moi.

Pour bien réussir, il faut employer un bain de chlorure double qui ait été exactement purifié de toute matière métallique étrangère par l'action de la pile elle-même. Quand l'aluminium qui se dépose au pôle négatif paraît pur, on attache à ce pôle la pièce de cuivre à aluminer et au pôle positif un barreau d'aluminium (1).

La température doit être maintenue un peu plus basse que le point de fusion de l'aluminium. Le dépôt se fait avec une grande facilité. Il est très-adhérent; mais il est difficile d'empêcher le métal de s'imprégner de chlorure double qui l'attaque au moment où on lave la pièce, cependant on réussit avec quelques précautions. Le lavage de la pièce doit être effectué à grande eau et pendant longtemps. La cryolite peut également servir à cette opération, mais elle doit être rendue très-fusible par son mélange avec un peu de chlorure double de sodium et d'aluminium, et avec du chlorure de potassium.

---

(1) Un mélange compacte de charbon et d'alumine, qui se transforme au fur et à mesure que se fait le dépôt d'aluminium en chlorure d'aluminium maintient indéfiniment constante la composition du bain.

CHAPITRE IV.

LA CRYOLITE ET SON EMPLOI DANS LA FABRICATION DE L'ALUMINIUM.

Il existe au Groënland un dépôt assez considérable d'un minéral qui a été très-rare, même dans les collections minéralogiques, jusqu'à l'année 1855, époque à laquelle on en apporta quelques tonnes à Copenhague, où il parut sous le nom de *soude minérale*. On en fit, par un procédé très-simple, de l'alumine et de la soude, qui fut en partie convertie en un savon alumineux et alcalin.

M. le docteur Percy a présenté, à l'Institution royale de la Grande-Bretagne, dans la séance du 20 mai 1855, un échantillon d'aluminium qu'il avait extrait de la cryolite au moyen du sodium. Presque à la même époque, M. H. Rose publia des détails sur le mode d'opération le plus convenable pour réussir dans cette opération. J'ai répété et confirmé toutes les expériences du docteur Percy et de M. H. Rose, sur les échantillons de cryolite que j'ai dus à l'obligeance de M. H. Rose et de M. Hofmann, de Londres. J'ai de plus réduit la cryolite par la pile, en la mélangeant avec du sel marin, et je crois que ce sera une excellente matière pour revêtir d'aluminium les métaux connus, le cuivre en particulier. Seulement il faudra augmenter considérablement sa fusibilité, en la mélangeant, comme je l'ai dit plus haut, avec du chlorure double de potassium et d'aluminium.

La cryolite est, en effet, un fluorure double d'aluminium, dont la formule

$$Al^2 Fl^3, 3 Na Fl$$

qui donne :

Fluor.   54,5
Aluminium. . . .   13,0
Sodium.   32,5
                      ———
                     100,0

était parfaitement connue et que j'ai vérifiée par quelques analyses.

Cryolite artificielle. — On peut reproduire artificiel-
lément la cryolite en versant de l'acide fluorhydrique pur
en excès sur de l'alumine calcinée et du carbonate de soude
en quantités telles, que le sodium et l'aluminium s'y trou-
vent dans les proportions où ils existent dans la cryolite.
En desséchant et fondant le mélange, on a une matière
limpide et homogène qui présente tous les caractères extérieurs de la cryolite fondue. Je n'en ai pas encore fait l'a-
nalyse, mais le poids de la substance ainsi produite est tel,
qu'on doit nécessairement supposer que l'alumine et la
soude ont perdu tout leur oxygène pour se transformer en
fluorure. Cette cryolite, comme la cryolite naturelle, donne
de l'aluminium lorsqu'on la réduit par le sodium; elle en
donne encore sous l'influence d'un courant électrique, ce
que ne ferait pas un mélange d'alumine et de fluorure de
sodium fondus ensemble. En effet, on s'aperçoit facilement
que l'alumine se dissout en petite quantité dans le fluorure
de sodium, mais y reste à l'état d'alumine; car un courant électrique qui traverse le mélange d'alumine et de
fluorure de sodium bien fondu, donne du sodium et du
fluor. Cette expérience, qui réussit encore mieux lorsqu'on emploie un mélange de fluorure de sodium et de
fluorure de potassium, prouve encore que l'alumine

7

n'est, à la température rouge, décomposée ni par le sodium ni par le potassium.

Si l'on chauffe du chlorure d'aluminium avec du fluorure de potassium en excès, on obtient un liquide limpide, d'une fluidité remarquable, et qui, sous ce rapport, ressemble à la cryolite. Quand, après le refroidissement, on reprend par l'eau, on dissout du chlorure et du fluorure de potassium, mais la liqueur ne contient pas traces d'une combinaison soluble de l'aluminium. Le résidu est évidemment ou de la cryolite potassique, ou du fluorure d'aluminium.

Il en est de même quand on remplace le fluorure de potassium par le fluorure de sodium ; seulement, le fluorure de sodium est si peu soluble, qu'on a grand'peine à en débarrasser, par le lavage, le fluorure double de sodium et d'aluminium.

Enfin on obtient quelque chose d'analogue quand on fond ensemble du chlorure double d'aluminium et de sodium et du fluorure de calcium. En reprenant par l'eau, on dissout des quantités considérables de chlorure de calcium et très-petites de chlorure d'aluminium, si l'on n'a pas mis un excès de celui-ci ; ce qu'il faut faire néanmoins pour avoir un résultat net. Le résidu insoluble se compose presque exclusivement de fluorure d'aluminium qu'on peut en extraire par la volatilisation, et d'un peu de fluorure de calcium dont la quantité dépend des proportions de chlorure double et de spath fluor mis en présence.

Je n'ai jamais fait d'expériences sur une grande échelle pour étudier la réduction de la cryolite par le sodium. M. H. Rose a publié, sur ce sujet, un article qui a été reproduit dans les *Annales de Chimie et de Physique*, et dans lequel la question est parfaitement traitée. J'en extrairai les détails qui vont suivre.

Réduction de la cryolite. — Voici comment on peut opérer pour réduire la cryolite : On la pulvérise et on la mélange avec la moitié de son poids de sel marin; on met cette poudre dans un creuset de porcelaine par couches, en alternant avec des plaques de sodium jusqu'à ce que le creuset soit plein à peu près. La dernière couche doit être composée de cryolite pure qu'on recouvre avec du sel marin. On chauffe rapidement jusqu'à fusion parfaite, et on laisse refroidir après avoir agité la matière avec une baguette de terre cuite ou un tuyau de pipe. En cassant le creuset, on trouve le plus souvent l'aluminium réuni en gros globules faciles à séparer. Il contient presque toujours du silicium, ce qui augmente encore la teinte bleuâtre du métal et s'oppose à son blanchiment par l'acide nitrique, à cause de l'insolubilité du silicium dans l'acide.

M. H. Rose opère également dans un creuset de fer et obtient quelquefois de l'aluminium pur, auquel il a trouvé les propriétés que j'ai assignées à ce métal; mais quelquefois aussi le métal est très-ferrugineux.

La cryolite, étant un fluorure double d'aluminium et de sodium, est décomposée par le sodium, qui remplace en totalité ou en partie le métal terreux, en donnant naissance à du fluorure de sodium.

J'ai vérifié toutes les observations de M. Rose, et je suis bien d'accord avec lui sur tout ce qui concerne le rendement de la cryolite, soit naturelle, soit artificielle, que j'ai toujours trouvé très-faible, surtout pour la dernière de ces substances. Il se produit toujours dans ces opérations des flammes brillantes qu'on observe dans le bain ou scorie qui surnage l'aluminium, et qui sont dues à des gaz dont la présence est démontrée par le soulèvement des croûtes salines qui couvrent la matière au moment où elle se solidifie : ces gaz viennent brûler à la surface, en exhalant une odeur de phosphore très-prononcée. Il existe, en effet, du phosphore, ou plutôt de l'acide phosphorique dans la cryolite, comme on peut le voir en traitant une dissolution de ce minéral dans l'acide sulfurique, par le réactif de M. H. Rose, le molybdate d'ammoniaque. Ces gaz combustibles ont été même souvent observés pendant la fusion du fluorure de potassium pur dans un creuset de platine ; ce qui doit faire croire que le fluor et non l'aluminium est indispensable pour déterminer leur production.

Procédé mixte par les chlorures et les fluorures. — La facilité avec laquelle l'aluminium se réunit dans les fluorures tient sans doute à la propriété que possèdent ceux-ci de dissoudre l'alumine que l'humidité adhérente au chlorure d'aluminium dépose à la surface des globules, au moment de leur formation, et que le sodium est impuissant à réduire.

J'avais éprouvé de très-grandes difficultés à obtenir de petites quantités d'aluminium mal réuni en faisant réagir du sodium sur le chlorure double d'aluminium et de sodium ; M. Rammelsberg, qui m'a dit avoir fait souvent la même tentative, a échoué comme moi. Mais je me suis assuré par une analyse scrupuleuse que la quantité d'aluminium produite par le sodium est exactement celle que la théorie indique, quoiqu'il soit impossible de trouver comme résultat dans la plupart des opérations autre chose qu'une poudre grise, se résolvant au microscope en une myriade de petits globules métalliques. C'est tout simplement que le chlorure double d'aluminium et de sodium est un très-mauvais fondant de l'aluminium. MM. Morin, Debray et moi, nous avons entrepris de corriger ce mauvais effet par l'introduction d'un dissolvant de l'alumine dans les scories salines qui accompagnent l'aluminium au moment de sa formation.

D'abord nous avons trouvé un grand avantage à condenser directement dans le sel marin, placé à cet effet dans un creuset chauffé au rouge sombre, les vapeurs de chlorure d'aluminium préalablement purifié par le fer. Nous avons produit ainsi, avec des matières premières très-colorées, un chlorure double très-blanc et qui nous a toujours fourni à la réduction un métal de très-belle apparence.

Nous avons ensuite introduit du fluorure de calcium dans la composition des mélanges à réduire, et nous avons toujours obtenu de bons résultats avec les proportions suivantes :

Chlorure double d'aluminium et de sodium .   400   grammes.
Sel marin............................   200   .   »
Fluorure de calcium.   200   »
Sodium. . . . .   de   75 à 80   »

Le chlorure double doit être fondu et chauffé presque au rouge sombre au moment où on l'emploie, le sel marin calciné au rouge ou fondu, et le fluorure de calcium pulvérisé et fortement desséché. On mélange à l'avance le chlorure double et le sel marin grossièrement pilés et le fluorure de calcium, et on alterne couches par couches les morceaux de sodium et la matière saline dans un creuset. Bien entendu, on termine par une couche de mélange et on recouvre le tout de sel marin pulvérisé.

On chauffe doucement d'abord jusqu'à ce que la réaction soit terminée, et ensuite à une chaleur voisine de la fusion de l'argent, mais sans l'atteindre. Le creuset, ou du moins toute la partie qui contient le mélange, doit avoir une teinte rouge uniforme et la matière doit être parfaitement liquide. On la brasse alors pendant longtemps et on coule sur une dalle de calcaire bien propre et bien sèche. Il s'écoule d'abord un liquide très-limpide, incolore et très-mobile, puis une matière grise un peu plus pâteuse qui contient de l'aluminium en petits grains et qu'on met à part, et enfin un culot et quelquefois de petites masses métalliques, qui à elles seules doivent peser 20 grammes si l'opération a bien réussi. En pulvérisant et passant au tamis la scorie grise, on retrouve encore 5 à 6 grammes de globules plus ou moins gros, que l'on foule avec une baguette de terre dans un creuset ordinaire rougi au feu. Ces globules se rassemblent, et quand on en a une quantité suffisante, on les coule en lingots. Dans une réduction bien conduite, 75 grammes environ de sodium doivent donner un culot de 20 grammes et 5 grammes de grenailles; ce qui fait 3 parties de sodium pour 1 partie d'aluminium. La théorie indique rigoureusement $2\frac{1}{2}$ de sodium pour 1 d'aluminium, soit 30 grammes d'aluminium pour 75 grammes de sodium. Mais tous les efforts que l'on fait pour retrouver dans une scorie insoluble les 4 à 5 grammes de métal qu'on ne peut réunir, mais qu'on peut voir facilement à la loupe, ont été jusqu'ici sans succès. Il y a sans doute un tour de main, une manipulation particulière dont dépend le succès de cette opération qui procurerait le rendement théorique et qui nous manquent encore. Ces opérations se font, en général, avec plus de facilité en grand qu'en petit, de sorte que nous pouvons considérer le fluorure de calcium comme pouvant servir à la fabrication de l'aluminium en creusets.

Nous avons employé dans ces essais du fluorure de calcium très-beau, très-limpide et très-pur, qui venait du duché de Bade. Ce produit était coté à 5 francs les 100 kilogrammes à l'Exposition de 1855. Mêlé avec de l'acide sulfurique concentré, il ne dégageait pas d'acide

fluosilicique en quantités sensibles : aussi notre aluminium était bien exempt de silicium. Il est vrai que nous
prenions une précaution qu'il faut nécessairement adopter dans les opérations de ce genre. Nos creusets étaient
tous garnis d'une couche de pâte alumineuse dont la
composition a été donnée dans les *Annales de Chimie et
de Physique* (1). On compose cette pâte avec de l'alumine
calcinée et un aluminate de chaux obtenu en chauffant à
une haute température parties égales de craie et d'alumine.

En prenant 4 parties environ d'alumine calcinée et
1 partie d'aluminate de chaux bien pulvérisés et passés
au tamis de soie, délayant la matière dans un peu d'eau,
on obtient une pâte dont on enduit rapidement la
partie intérieure d'un creuset de terre. Avec un pilon de
porcelaine, on répartit cette pâte dans toutes les parties
du creuset et on la comprime fortement jusqu'à ce qu'elle
ait reçu un poli parfait sur toute la surface. On la laisse
sécher, et on chauffe le creuset au rouge vif pour cuire
cette sorte de vernis, qui ne fond pas, mais protége la
silice du creuset contre l'action de l'aluminium et du
fluorure de calcium. Ces creusets peuvent servir plusieurs
fois de suite, pourvu qu'on les recharge de matière nouvelle aussitôt après qu'on a fait la coulée; on a même
ainsi l'avantage d'avoir un creuset plus sec que si l'on
avait eu la précaution, que nous prenons toujours, de
faire chauffer à 3 ou 400 degrés au moins un creuset
neuf, et d'y introduire le mélange et le sodium pendant
que ses parois sont encore chaudes.

La scorie saline contient une grande quantité de chlo-

---

(1) Tome XLVI, page 195.

rure de calcium, qu'on peut enlever par l'eau, et une matière insoluble, dont on peut extraire du fluorure d'aluminium par la volatilisation.

L'opération que je viens de décrire, et qui était déjà un très-grand progrès, selon nous, exige pourtant des précautions nombreuses et une certaine habitude de ces manipulations pour réussir toujours. Mais rien ne devient plus simple et plus facile, quand au fluorure de calcium on substitue la cryolite. Alors le rendement n'étant pas beaucoup meilleur, quoique le culot métallique pèse souvent 22 grammes, l'opération est cependant facilitée à tel point, que, si la cryolite peut être obtenue abondamment et ne doit jamais manquer, le procédé que je viens d'indiquer sera certainement le plus économique. Les proportions sont les mêmes que dans l'opération que je viens de décrire; seulement, au lieu de 200 grammes de fluorure de calcium, on introduit dans les creusets 200 grammes de cryolite. Dans une de nos opérations, pour 76 grammes de sodium nous avons obtenu 22 grammes d'aluminium en un seul culot et 4 grammes en grenailles, qui donnent un rendement de 1 d'aluminium pour 2,8 de sodium; ce qui est bien près de la quantité théorique.

Les échantillons que nous avons obtenus dans ces essais étaient tous d'excellente qualité. Cependant ils contenaient un peu de fer provenant du chlorure d'aluminium, que nous n'avions pu exactement purifier. Mais le fer ne nuit pas comme le cuivre aux qualités du métal, et, sauf un peu de coloration bleue qu'il lui communique, il n'altère pas sa résistance aux agents chimiques et atmosphériques. Une boîte de poids que j'ai fait faire, il y a dix-huit mois, avec cet aluminium, a été exposée tous les jours, avec des poids de cuivre, à toutes les émanations d'un laboratoire d'analyse où les balances sont malheureusement à côté de la boîte à réactifs ; ils servent depuis cette époque sans que leur valeur ait changé, sans que leur surface soit le moins du monde ternie, et cependant l'aluminium avec lequel les poids sont faits contient un peu de fer. Les poids en cuivre, soumis aux mêmes influences, ont été très-rapidement oxydés. L'aluminium ainsi préparé se décape et se blanchit très-bien lorsque, après avoir attaqué sa surface avec de la potasse dissoute dans un peu d'eau, on la lave et on la trempe dans l'acide nitrique *pur*. On voit alors une couche de matière noire, qui est le fer, se dissoudre rapidement, et la lame sur laquelle on opère prend un beau mat et la belle teinte blanche de l'aluminium pur qu'elle conserve tant qu'on ne la polit pas.

Procédé par la cryolite seule. — Le procédé d'extraction adopté dans l'usine d'Amfreville-la-Mi-Voie, près Rouen, dirigée par MM. Tissier frères, est le même que le procédé décrit par MM. Percy et H. Rose. On mêle le sodium, la cryolite pulvérisée et du sel marin dans les proportions indiquées par M. H. Rose [c'est-à-dire 2 parties de sodium sur 5 parties de cryolite et 5 parties de sel marin ou de chlorure de potassium (1)] dans de grands creusets réfractaires. Ces creusets, chauffés dans des fourneaux à la température nécessaire pour fondre le fluorure de sodium, donnent une scorie et un ou plusieurs culots d'aluminium qu'on verse à la fois dans des vases de fonte. L'aluminium qu'on trouve au fond de ces vases est ensuite refondu.

Les détails que je viens de donner ont été extraits d'une description très-sommaire publiée par MM. Tissier sur leur mode de fabrication à Amfreville-la-Mi-Voie.

---

(1) *Annales de Chimie et de Physique*, tome XLV, page 369.

J'ai fait prendre dans le commerce un échantillon de bonne qualité de l'aluminium extrait ainsi de la cryolite. M. Demondésir a bien voulu en faire une analyse qui lui a donné les résultats suivants :

$$
\begin{array}{lr}
\text{Silicium} & 4,4 \\
\text{Fer} & 0,8 \\
\text{Aluminium} & \underline{94,8} \\
& 100,0
\end{array}
$$

M. Rose a recommandé de se servir de vases de fonte pour cette opération, à cause de la rapidité avec laquelle les fluorures alcalins attaquent les creusets de terre, et sous cette influence introduisent dans le métal une quantité considérable de silicium; celui-ci, comme toutes les matières étrangères, communique à l'aluminium de fâcheuses propriétés. Malheureusement les creusets de fonte adoptés par M. Rose introduisent du fer dans l'aluminium. C'est là un vice radical inhérent à cette méthode, au moins dans l'état actuel de cette industrie. Les inconvénients de cette méthode résultent en partie de ce que la température à produire à la fin de l'opération est considérable, en partie aussi de ce que le creuset étant directement au contact du feu, ses parois sont plus échauffées que le métal. Le métal lui-même placé à la partie inférieure du foyer est bien plus chaud que la scorie. Or, d'après mes observations, c'est là une condition essentiellement vicieuse. La scorie doit être aussi chaude que possible, le métal doit être moins chauffé et les parois du vase où se fait la fusion doivent être aussi froids que possible.

Le rendement de la cryolite, d'après M. Rose et d'après mes expériences, est aussi très-faible. D'après M. H. Rose, on obtient pour

10 de cryolite,
et 4 de sodium,

en moyenne 0,5 d'aluminium, ce qui fait par rapport au poids de la cryolite $\frac{1}{20}$, et $\frac{1}{8}$ par rapport au poids du sodium. Cela tient à ce que l'affinité du fluor pour l'aluminium doit être considérée comme très-grande, non-seulement relativement au sodium, mais même relativement au calcium, et cette affinité paraît encore s'accroître avec la température, comme il résulte d'expériences faites à propos d'autres recherches dans mon laboratoire.

Enfin un dernier argument a décidé la Société de Nanterre à ne pas adopter le mode exclusif de fabrication par la cryolite pour lequel j'avais un projet tout prêt. Ce sont les renseignements qu'a bien voulu nous communiquer M. de Chancourtois, ingénieur des mines, et qui sont extraits de la relation du voyage de S. A. I. le prince Napoléon.

« Au point de vue minéralogique, aucun point ne » pourrait exciter plus vivement l'intérêt que le gîte » d'Evigtok dans le fiord d'Arksuk. Giesecke, le premier » explorateur du Groënland, y avait découvert la cryolite, » fluorure double d'aluminium et de sodium, qui n'a en- » core été retrouvée dans aucune autre localité.

» C'est à peu près au milieu de la plus petite des deux » anses formées dans la rive orientale concave du fiord » d'Arksuk qu'est situé le gîte d'Evigtok. Cette anse borde » le terre-plein d'un cirque de montagnes gneissiques » dont les cimes atteignent 700 mètres et dont la base » est encombrée de gigantesques éboulis. On y reconnaît » d'abord un puissant filon de quartz ou plutôt d'une » pegmatite très-quartzeuse ; son épaisseur est de 30 mè- » tres ; son orientation vraie est au nord 4 degrés ouest.

» Ce filon, qui semble vertical, traverse un gneiss grani-
» toïde. Sur sa paroi orientale s'appuie le massif de cryo-
» lite dont l'affleurement s'allonge de 70 mètres dans une
» direction perpendiculaire, c'est-à-dire parallèlement
» au rivage. Ce massif se termine en pointe, tandis que
» près du quartz il offre une puissance de 15 mètres
» environ; on ne peut, du reste, reconnaître que sa limite
» sud, car sa limite nord est recouverte par l'eau qui a
» creusé une crique dans la masse même de cryolite. Le
» gneiss qui entoure la cryolite est également granitoïde.

» La cryolite est complétement pure, lamelleuse et
» d'un blanc opaque, dans toute la· partie moyenne de
» l'amas; mais vers chacun de ses deux bords, elle se
» trouve mélangée, sur une épaisseur de 1 à 2 mètres,
» de galène, de blende, de pyrite cuivreuse, de pyrite
» ordinaire, de fer spathique, qui forment un magma
» métallifère très-largement cristallin, contenant en outre
» du quartz amorphe et prismé; une mince couche
» quartzeuse semble limiter le filon au sud.

» Les travaux de recherche n'ont pas dépassé 10 mètres
» à cause du voisinage immédiat de la mer dont les infil-
» trations présentaient un obstacle insurmontable dans
» les conditions où l'on se trouvait placé. Ils ont montré
» cependant que le gîte plongeait d'environ 45 degrés au
» sud. La cryolite devenait enfumée dans la profondeur,
» et à 5 mètres elle était déjà presque noire, en sorte que
» sa blancheur à l'effleurement doit être attribuée à un
» départ ou à un grillage naturel de la matière bitumi-
» neuse qui la colore normalement. La masse de cryolite
» a, du reste, été certainement détruite sur une certaine
» épaisseur par les érosions atmosphériques ou par l'ac-
» tion mécanique et dissolvante de la mer jadis, peut-être,
» à un niveau plus élevé.

» L'amas de cryolite, au milieu des nombreux miné-
» raux répandus dans le gîte d'Evigtok, ne semble pas
» être un filon proprement dit; il aurait plutôt un carac-
» tère éruptif. La cryolite serait venue au jour en masse
» pâteuse, entraînant avec elle et principalement à la
» périphérie les autres magmas cristallins; elle aurait
» joué le rôle de roche éruptive.

» Dans la partie du gîte qui comprend le contact de
» la masse de fluorure et de roche quartzeuse, le fluorure
» paraît avoir pénétré en attaquant le quartz plus ou
» moins complétement, car dans certaines parties des
» affleurements on trouve des masses poreuses cristallines
» de quartz et de feldspath mélangés où de feldspath
» seul.

> » *Notice scientifique sur la géologie du Groënland;*
> » par MM. DE CHANCOURTOIS, ingénieur des
> » mines, et FERRI-PISANI. »

D'après les renseignements verbaux qu'a bien voulu
me donner M. de Chancourtois, le gîte d'Evigtok n'est
accessible que pendant un très-court intervalle de temps
et on n'est sûr de l'atteindre chaque année, à la fonte des
glaces, qu'à l'aide d'un bateau à vapeur. Des ouvriers
envoyés d'Europe pour abattre et charger la roche n'auraient guère qu'un à deux mois de travail possible. Des
ouvriers sédentaires resteraient une année presque entière
privés de toute communication avec le reste du monde,
sans autres provisions, sans autres combustibles que ceux
qui seraient apportés du continent pendant le court intervalle de temps où la navigation est ouverte.

Le gîte lui-même, qui affleure à peine au-dessus du
niveau de la mer, se dérobe promptement à l'exploitation
à ciel ouvert; le voisinage de la mer en contact direct

avec la masse, les travaux exécutés sans ordre et sans précaution sur les parties métallifères de l'amas, tout concourt à rendre l'exploitation souterraine fort difficile et fort coûteuse, si ce n'est impossible.

La cryolite est d'un emploi commode comme fondant à ajouter au lit de fusion qui produit l'aluminium métallique, surtout lorsqu'on opère en petit; mais il est heureux qu'elle ne soit pas indispensable, car on ne pourrait fonder l'établissement d'une industrie sur l'exploitation d'une matière dont l'approvisionnement serait incertain et sans doute insuffisant.

CHAPITRE V.

MODE DE PRÉPARATION SUIVI A NANTERRE.

Le mode de fabrication suivi aujourd'hui à Nanterre est fondé sur l'emploi de trois matières essentiellement différentes.

1°. Chlorure double d'aluminium et de sodium, ou matière aluminifère ;

2°. Sodium, ou réducteur ;

3°. Cryolite, ou spath fluor fondant.

Le mode de fabrication de chacune de ces matières et leur réaction sur la sole d'un four à reverbère ont été étudiés avec un soin extrême à l'usine de produits chimiques de la Glacière : il en est sorti le système actuellement adopté à Nanterre et que M. Paul Morin perfectionne chaque jour, en profitant de toutes les circonstances heureuses que la pratique d'une métallurgie aussi nouvelle peut lui enseigner.

Aussi depuis moins d'une année que les produits de l'usine ont été livrés au commerce, d'après des renseignements qu'il a bien voulu me communiquer, M. Morin a pu fabriquer et vendre :

Chlorure double d'aluminium
    et de sodium .... 10,000 kilogrammes.
Sodium.................... 2000 »
Aluminium................. 600 »

L'aluminium, préparé par ces méthodes, a beaucoup

varié dans sa pureté , faisant chaque jour des progrès au fur et à mesure que la connaissance des procédés se perfectionnait par la pratique. Aujourd'hui, l'aluminium est arrivé à ne plus contenir que de petites quantités de matières étrangères, comme le prouve l'analyse suivante, effectuée sur un échantillon de pureté moyenne fabriqué il y a plus de quatre mois.

$$
\begin{array}{lr}
\text{Silicium}. \ldots & 0,3 \\
\text{Fer}. \ldots & 2,7 \\
\text{Aluminium}. \ldots & \underline{97,0} \\
& 100,0
\end{array}
$$

Quoiqu'il y ait un progrès réel, les plus grands efforts portent aujourd'hui sur la manière d'obtenir un métal absolument pur. Tout succès , d'après les méthodes que je vais exposer, dépendant de la préparation de l'alumine, j'insisterai tout d'abord sur le point important de sa fabrication.

§ I. — CHLORURE DOUBLE D'ALUMINIUM ET DE SODIUM.

1°. *Alumine.*

De l'alun. — L'alumine peut s'obtenir par la calcination de l'alun ; alors elle n'est presque jamais pure, parce que les quantités de fer qui existent dans l'alun venant se concentrer dans l'alumine, qui n'entre que pour 11 centièmes dans la composition de l'alun, la proportion des impuretés est multipliée par 9, et devient par suite considérable. L'alun à base d'ammoniaque est introduit dans un four à réverbère, et il fond dans les parties les plus éloignées de l'autel, dont l'ouvrier le rapproche peu à peu, au fur et à mesure qu'il perd son acide sulfurique et son ammoniaque.

La calcination complète de l'alun et sa transformation en alumine dénuée d'acide sulfurique constituent une opération extrêmement délicate.

De la cryolite. — Dans la cryolite qui vient aujourd'hui de Copenhague, on trouve un grand nombre de fragments souillés par la présence du fer carbonaté. Il faut la trier avec le plus grand soin avant de l'introduire comme fondant dans la composition du mélange qui doit produire l'aluminium. Les fragments rejetés sont pulvérisés finement et mélangés avec un peu plus des trois quarts de leur poids de chaux vive bien cuite et pure, qu'on éteint avec soin. On ajoute ensuite de l'eau en assez grande quantité et l'on chauffe dans un vase de fonte avec un serpentin percé de trous qui amène de la vapeur d'eau. La réaction s'opère tout de suite ; elle est complète si l'on a bien opéré. Sans beaucoup de soins, on risque d'obtenir de l'aluminate de chaux insoluble, qu'on détruit d'ailleurs assez facilement par une digestion avec un peu de carbonate de soude.

Il reste du fluorure de calcium assez lourd, que l'on sépare facilement par décantation, et la liqueur, qu'on traite par un courant d'acide carbonique, donne du carbonate de soude et de l'alumine très-dense qu'on lave avec le plus grand soin. Ces lavages ne peuvent lui enlever néanmoins les dernières portions de carbonate de soude.

On évapore à sec le carbonate de soude, qui est très-pur et convient parfaitement à la fabrication du sodium, et l'on calcine dans un four à réverbère l'alumine hydratée, qui est toujours très-belle quand elle a été bien préparée, mais qui peut contenir du fer quand on a employé de la cryolite contenant beaucoup de fer carbonaté. Il m'a paru que ce carbonate de protoxyde de fer, décomposé par la chaux, donnait du protoxyde de fer que la soude dissout en petite quantité. M. Rose annonce que la cryolite se décompose entièrement au contact de la chaux, M. Demondésir est arrivé au même résultat par la voie analytique, et il a vu que la chaleur n'était pas même nécessaire pour déterminer cette réaction remarquable. Seulement, en opérant à froid, les matières insolubles prennent un volume considérable.

Cette opération ressemble beaucoup à la fabrication des lessives caustiques avec le carbonate de soude ou de potasse et la chaux. Il faut, comme l'on sait, d'après les expériences de M. Liebig et de M. Pelouze, que la proportion d'eau soit assez considérable pour que la réaction se produise et même pour éviter une réaction inverse. D'un autre côté, il faut qu'il y ait assez de soude dans la liqueur pour que le petit excès de chaux vive ne s'y dissolve pas.

Si l'on néglige cette observation, on peut perdre de l'alumine et de la soude, et l'on croirait à tort que la décomposition complète de la cryolite n'est pas possible.

La cryolite est attaquable, comme on le sait, par l'acide muriatique, mais très-lentement. Quand on veut la décomposer par l'acide sulfurique, le fluorure de sodium se dissout aussitôt avec dégagement d'acide fluorhydrique; mais le fluorure d'aluminium gélatineux se sépare et ne s'attaque postérieurement qu'avec une certaine difficulté. La manière dont agit la chaux sur une matière aussi peu altérable dépend donc d'une affinité tout à fait spéciale.

Nous ne fabriquons ainsi l'alumine à Nanterre que parce que ce procédé s'applique à des rebuts et parce que toutes ces opérations rentrent dans une autre série de traitements que nous faisons subir aux résidus de la fabrication du sodium et aux scories de l'aluminium pour en tirer du carbonate de soude et de l'alumine purs. Mais, je le répète, nous n'aurions pas songé à fonder l'industrie de l'aluminium si la cryolite du Groënland en avait été l'agent indispensable; encore moins aurions-nous songé à l'emploi de la cryolite pour la fabrication de l'alumine et de la soude, du moins en France.

Il existe en effet en France, en quantité considérable, des minerais d'alumine deux ou trois fois plus riches que la cryolite du Groënland, d'un traitement aussi facile, et dont on estime le prix de revient, à proximité des voies navigables et ferrées, à 6 ou 7 francs les 1000 kilogrammes, tandis que la cryolite coûte au moins 350 francs, sans qu'il y ait lieu de prévoir de réduction. Dans les produits qui résultent de la décomposition de la cryolite, l'alumine devrait être comptée pour une valeur minime, et le carbonate de soude aurait à supporter à lui seul la presque totalité des frais de fabrication et le droit que la douane française ne manquerait pas de lui faire acquitter le jour où un fabricant d'aluminium aurait l'imprudence de faire servir la cryolite à remplacer le sel marin pour la fabrication de la soude.

Dans ces conditions et après mur examen, la Société de Nanterre a jugé qu'elle n'avait aucun avantage à fonder avec l'aide de la cryolite une fabrication d'alumine et de soude, même pour son seul usage.

Préparation de l'alumine avec les résidus de fabrication. — Les résidus de la fabrication du sodium exposés à l'air se délitent très-vite : ils contiennent moyennement, d'après mes analyses :

Charbon.	20,0
Carbonate de soude.	14,5
Soude caustique.	8,3
Sulfate de soude.	2,4
Carbonate de chaux et fer. .	29,8
Eau.	25,0
	100,0

Les scories résultant de la fabrication de l'aluminium en four à réverbère contiennent :

Sel marin.	60
Matières insolubles.	40
	100

Ces matières insolubles, qu'un simple lavage sépare avec la plus grande facilité, sont composées presque exclusivement de fluorure d'aluminium accompagné d'un peu d'alumine et de cryolite intacte. Quand on opère avec du fluorure de calcium, le sel marin est en partie remplacé dans la scorie par du chlorure de calcium. Mais en général tout le fluor du bain de scorie se trouve combiné avec de l'aluminium, ce qui prouve la grande affinité réciproque de ces deux substances.

Pour exploiter ces deux matières, on mélange avec soin de 5 à 6 parties de résidus de sodium avec 1 partie de scories dépouillées de leur partie soluble par le lavage, et on calcine le tout au rouge.

La matière amenée à l'état de fusion pâteuse est refroidie et lessivée; il se dissout de l'aluminate de soude qu'on traite par l'acide carbonique, ce qui donne du carbonate de soude immédiatement cristallisable, et de l'alumine hydratée très-dense qu'on lave et qu'on calcine.

D'après mes essais de laboratoire :

        1000 grammes de résidu de sodium,
         160   »   de scories lavées,

ont donné :

> 110 grammes d'alumine calcinée,
> 225   »   de carbonate de soude sec.

La lessive alumineuse contient toujours assez de carbonate de soude pour qu'on n'ait pas à craindre la formation d'un aluminate de chaux insoluble.

Le résidu du lessivage, qui pèse environ la moitié du
poids des résidus de soude employés, contient sur 100
parties :

Charbon.	30,0
Fluorure de calcium	32,0
Alumine.	0,6
Matières diverses.	37,4
	100,0

On voit que le fluorure de calcium entre pour une part
considérable dans ces résidus, comme on devait s'y attendre par suite de la décomposition du fluorure d'aluminium par la chaux en présence de la soude, réaction que
j'ai vérifiée directement.

Les matières diverses sont formées avec du fer, du
manganèse, un peu de silice et enfin de l'oxysulfure de
calcium.

La carbonatation de la soude s'effectue dans un appareil qui ressemble beaucoup à une baratte à axe horizontal muni d'ailettes, susceptibles de tourner autour
de cet axe avec une grande rapidité. Le liquide alcalin
entre par un tube situé à la partie antérieure de l'appareil
et s'écoule d'un jet continu. L'acide carbonique provenant de la réaction des résidus acides de la préparation
du chlore sur du calcaire en morceaux entre dans l'appareil par un tube placé à sa partie postérieure et se
trouve absorbé avec une rapidité extrême par le liquide

alcalin réduit au moyen de l'agitation à l'état de pluie fine. On a grand'peine dans cette opération, quelle que soit la rapidité du courant de lessive, à éviter la formation d'un peu de bicarbonate de soude.

Il faut conduire hors de l'atelier les gaz sortant de l'appareil et qui contiennent beaucoup d'acide sulfhydrique.

2°. *Chlorure double d'aluminium et de sodium.*

Dans nos expériences de la Glacière nous avions un intérêt très-grand à éviter la production des vapeurs et gaz acides qui sortent des appareils à production de chlorure d'aluminium tels que je les ai décrits. Pour éviter cet inconvénient, nous avons fait arriver la vapeur de chlorure d'aluminium dans un espace chauffé et plein de sel marin pour la condenser à l'état de chlorure double liquide et fixe à la température de cette enceinte : mais nos appareils s'engorgeaient avec une telle rapidité, que nous avons dû renoncer à ce procédé. Nous avons alors fait entrer le sel marin dans les mélanges eux-mêmes, c'est-à-dire en l'introduisant en même temps que le charbon et l'alumine dans la cornue où doit arriver ensuite le chlore.

Pour fabriquer le chlorure double, on peut employer l'appareil qui est dessiné dans la planche annexée à ce volume (*fig.* 10). Seulement nous avons remplacé la cornue à gaz OZZ par un appareil plus petit en terre (1) et qui doit être porté à une température très-élevée par le

---

(1) Nous sommes obligés de le confectionner nous-mêmes à Nanterre où M. Paul Morin a organisé la fabrication de tous les vases et ustensiles spéciaux dont il se sert. A la Glacière, nous nous servions de cornues à zinc qu'avait bien voulu nous céder le directeur de l'usine de la Vieille-Montagne. J'ai raconté déjà comment le zinc qui reste dans le ciment avec lequel on confectionne ces cornues peut être très-nuisible dans la fabrication de l'aluminium.

foyer F que l'on transporte à la partie supérieure de la cornue. La chambre I peut être remplacée par un simple vase conique en terre, où le chlorure double vient couler en se condensant.

Tout ce que j'ai dit d'ailleurs de la fabrication du chlorure simple s'applique parfaitement à la fabrication du chlorure double. C'est pour cela que je renvoie le lecteur pour les détails à cette partie de mon ouvrage.

Le chlorure double d'aluminium et de sodium est une substance fusible à 200 degrés environ et cristallisable par le refroidissement. A l'état de pureté il est tout à fait incolore, et il faut éviter à tout prix qu'il contienne du fer qui le colore en jaune. C'est à cause de cet inconvénient qu'on doit donner la plus grande attention au choix de l'alumine et à la confection des vases où se fait sa transformation au moyen du chlore.

Le chlorure double est un produit très-peu altérable lorsqu'il est en masses compactes, et on le manie avec la plus grande facilité, à cause de sa fixité absolue à la température ordinaire, ce qui lui enlève toute odeur. Sous ce rapport il est bien préférable au chlorure simple, comme je l'ai déjà dit. Cependant l'altérabilité de cette dernière substance n'est pas aussi grande qu'on pourrait le penser. J'ai encore dans mon laboratoire la conserve pleine de chlorure simple très-compacte qui avait été mise à l'Exposition de 1855. Le vase est fermé par un simple couvercle, et cependant, quoi qu'on l'ait souvent ouvert pour y prendre du chlorure, à peine encore celui-ci est-il altéré.

Dans le cas où le chlorure d'aluminium et de sodium est bien pur, il donne, avec le sodium à peu près la quantité théorique d'aluminium correspondant au poids du métal alcalin employé dans la réaction. Nos efforts se portent en ce moment sur la fabrication du chlorure double dont toutes les parties comportent encore des améliorations considérables qui sont en voie de réalisation; mais la connaissance profonde que nous possédons aujourd'hui des circonstances dans lesquelles il faut se mettre pour réussir ne nous a été révélée que par une pratique très-longue et très-pénible.

§ II. — SODIUM.

La méthode adoptée pour la fabrication du sodium est exactement celle que j'ai décrite déjà. Les appareils seuls o nt été changés.

Les expériences de Javel pour la fabrication continue du sodium, celles que nous avons tentées à la Glacière, nous ont démontré de la manière la plus nette la nécessité absolue d'une protection efficace pour les cylindres de fer, car sans cette protection la méthode est impraticable avec économie. Or les études relatives à cette question sont très-coûteuses, parce qu'un accident partiel suffit pour arrêter la marche d'un four contenant un grand nombre de cylindres et pour compromettre l'existence du four lui-même.

Nous avons donc pensé que, dans une fabrication restreinte à 100 ou même 200 kilogrammes d'aluminium par mois, il valait mieux employer des appareils plus petits, indépendants les uns des autres et plus faciles à remplacer.

Aussi le mode actuel de production est-il provisoirement fondé sur l'emploi de tubes de fer d'une faible épaisseur et d'une fabrication tellement facile, qu'elle peut s'exécuter à peu de frais dans l'usine même.

On prend une feuille de tôle qu'on recourbe sur une machine à cintrer et dont on rive les bords pour en faire un cylindre. Cet appareil, fermé à ses deux extrémités par des tampons de fonte dont l'un est percé d'un trou pour laisser passer un tube de fer, est assez exactement représenté par le cylindre PO de la *fig.* 8, à la dimension près, qui est ordinairement plus petite. On peut chauffer ce tube plein du mélange à sodium dans un fourneau de la forme représentée dans la *fig.* 1; seulement il faut avoir soin de pratiquer une ouverture aux parois opposées du four pour que les tampons de fonte qui forment les cylindres soient à l'extérieur du fourneau. On comprendra facilement cette nécessité, la température à laquelle les cylindres eux-mêmes sont soumis étant supérieure à la température de fusion de la fonte.

Nous chauffions d'abord ces cylindres dans un four à vent alimenté par du coke; mais, au moyen d'une disposition fort simple, M. Paul Morin a appliqué le chauffage à la flamme et par rayonnement du combustible à ces nouveaux appareils.

On peut se faire une idée complète de ce four au moyen de la *fig.* 7, qui représente deux cylindres T, T placés à une assez grande distance du foyer, lequel est disposé de telle sorte, qu'on peut introduire le combustible sur la grille au moyen d'une ouverture latérale K. Des carneaux placés convenablement à droite et à gauche des cylindres mènent les gaz de la combustion dans la cheminée. Le four de M. Morin contient deux cylindres.

En général les cylindres servent à deux ou trois opérations.

Tout ce que j'ai dit relativement à la fabrication en bouteilles à mercure est immédiatement applicable à la fabrication en cylindres de cette espèce, dont les capacités peuvent varier depuis 2 litres jusqu'à 6 et 8 litres, sans que rien soit changé à la manière de les employer. Je renverrai donc le lecteur à la partie de cet ouvrage où la question est déjà longuement traitée.

Dans cette fabrication, nous avons adopté des récipients en fonte dont je me servais à Javel et qui sont d'un excellent usage. La tête de ces récipients est cylindrique et tient uniquement à une des valves A de l'appareil (*fig.* 2). La valve A′ est taillée en biseau du côté de l'extrémité C, de manière à venir s'appuyer sur la tête en fonte de A. Par conséquent la gorge C est supprimée dans la valve D′ A′ C.

§ III. — RÉDUCTION DE L'ALUMINIUM.

Le traitement du chlorure double d'aluminium et de sodium par le sodium présente des difficultés d'un genre tout particulier, que nous avons abordées dans nos expériences à la Glacière par bien des côtés différents et longtemps sans réussir.

C'est surtout la nature des vases à employer dans cette réaction qui crée des obstacles qu'on aurait pu croire insurmontables. Les creusets de terre ont été d'abord essayés, puis rejetés à cause de l'action destructive qu'exercent sur eux le sodium, l'aluminium et la scorie elle-même, pour peu qu'elle contienne des matières fluorées. Des creusets de fonte de grande dimension, munis d'ouverture à la partie inférieure pour pouvoir couler les substances qu'on y renfermait et chauffés à la flamme, n'ont pas mieux réussi. L'aluminium se combinant au fer en sortait impur, et les vapeurs acides qui s'exhalent du bain de scorie attaquant la fonte rendaient la scorie elle-même dangereuse pour la pureté du métal.

C'est alors que nous avons songé à faire la réduction simplement sur la sole d'un four à réverbère, comptant sur la réaction immédiate du sodium sur le chlorure pour

faire disparaître tout de suite ces deux matières éminemment altérables au contact des gaz de la combustion. Cette
prévision a été réalisée dans la pratique avec un succès
inespéré.

On fait aujourd'hui cette opération sur une échelle
relativement considérable à l'usine de Nanterre, et
jamais, depuis le commencement de ces opérations, une
réduction n'a manqué, et les résultats qu'elle donne sont
toujours identiques. Le four dont nous nous servons a
toutes les dimensions relatives d'un four à soude. C'est
en effet à peu près la chaleur produite dans ces appareils
qu'il faut développer pour que l'opération réussisse. Les
dimensions absolues sont d'ailleurs variables avec la
quantité d'aluminium qu'on veut obtenir dans chaque
opération et ne sont pas limitées. Avec une sole de 1 mètre
carré de surface, on peut réduire de 6 à 10 kilogrammes
d'aluminium. Comme chaque opération dure environ
quatre heures et qu'on peut recharger le four immédiatement après l'évacuation des matières qu'on y a traitées,
on voit qu'avec une sole aussi petite on fabriquerait, en
vingt-quatre heures, 60 à 100 kilogrammes d'aluminium
sans la moindre difficulté. Sous ce rapport, je crois le
problème industriel parfaitement résolu.

Les proportions que nous employons sont celles-ci :

Chlorure double d'aluminium et de
    sodium concassé. . . . .   10 parties.
Fluorure de calcium.   5   »
Sodium en lingots.   2   »

Comme l'aluminium est encore très-cher, il faut diriger
toute son attention sur le rendement des matières employées, et sur ce point il y a encore bien des progrès à
faire. Nous avons constaté maintes fois que le rendement

était toujours un peu meilleur, et la réunion du métal en un seul culot un peu plus facile quand on substituait au fluorure de calcium la cryolite, dont le prix, après avoir été considérable, s'est abaissé dans ces derniers temps jusqu'à 35 francs les 100 kilogrammes. C'est pourquoi nous nous servons aujourd'hui de cryolite au lieu de fluorure de calcium dans les mêmes proportions.

Chlorure double................ 10 parties.
Cryolite........................ 5 »
Sodium......................... 2 »

Nous retrouvons du reste l'alumine de cette cryolite dans les scories.

Le chlorure double et la cryolite pulvérisés sont mélangés avec le sodium coulé en petits lingots, et le tout est jeté sur la sole du four que l'on a chauffé à l'avance.

Les registres du four sont alors fermés pour empêcher autant que possible l'accès de l'air.

Bientôt une réaction très-vive se manifeste avec production d'une quantité de chaleur telle, que les parois du four et la matière elle-même sont portées au rouge vif. La fusion du mélange s'opère presque complétement sous cette influence. Cependant il faut ouvrir les registres, rendre la flamme sur la sole de manière à échauffer également toute la masse des scories et à réunir l'aluminium. Quand on juge l'opération finie, on coule par une ouverture faite à la face postérieure du four et on reçoit la scorie dans des bâches de fonte. A la fin de la coulée arrive l'aluminium en un seul jet qui vient se réunir à la partie inférieure de la scorie encore liquide qui s'est écoulée avant lui. L'aluminium ainsi formé se réunit en une seule masse qui souvent, dans nos opérations, pèse de 6 à 8 kilogrammes. Cependant on doit pulvériser la scorie *grise* qui est venue la dernière et la passer au tamis pour en retirer quelquefois 2 à 300 grammes de globules répartis dans une centaine de kilogrammes de scories. Cette pulvérisation est en tout cas indispensable dans le traitement subséquent de ces matières pour en obtenir l'alumine. La scorie est de deux sortes : l'une fluide et légère qui recouvre le bain; elle est très-riche en sel marin; l'autre, moins fusible et pâteuse, de couleur grise, qui est plus dense et qui est au contact de l'aluminium. La matière colorante est du charbon provenant soit du sodium, soit de l'huile dont il est imprégné, soit enfin des fumées de la houille. J'attribue l'état un peu pâteux de cette scorie à de l'alumine que les fluorures dissolvent bien, mais en perdant leur fluidité.

On sait déjà que cette scorie est en grande partie composée de sel marin et de fluorure d'aluminium dans les proportions suivantes :

$$
\begin{array}{lr}
\text{Sel marin} \dots\dots\dots\dots\dots\dots & 60 \\
\text{Fluorure d'aluminium} \dots\dots & 40 \\
\hline
& 100
\end{array}
$$

Quand on lave cette scorie, le sel se dissout, et il reste du fluorure d'aluminium, un peu de cryolite et de l'alumine. C'est l'alumine qui a été dissoute ou retenue par le bain de fluorure.

On remarquera que le bain de scories ne contient pas d'autre fluorure que le fluorure d'aluminium, qui n'attaque les creusets de terre et les matières siliceuses en général qu'à une température très-élevée. C'est pour cela que la sole et les différentes parties de notre four résistent avec une facilité extrême à une scorie fluorée uniquement composée de fluorure d'aluminium, lequel n'a pas la propriété de se combiner avec le fluorure de silicium aux dépens de la silice des briques, comme le ferait le fluorure de sodium en pareille circonstance.

Dans nos opérations, la cryolite ne joue que le rôle de fondant; dans le procédé de préparation de l'aluminium qui est basé sur la réduction de la cryolite seule par le sodium, le fluorure de sodium qui en résulte est au contraire excessivement dangereux pour les creusets, et c'est à lui surtout qu'est due l'absorption rapide du silicium par l'aluminium, absorption qui se produit toujours dans cette méthode. On sait du reste que c'est ainsi qu'on opère quand on veut préparer du silicium; seulement on prolonge un peu l'opération.

Purification de l'aluminium. — Le caractère particulier de la métallurgie de l'aluminium, c'est qu'il faut du premier jet obtenir le métal parfaitement pur.

Quand l'aluminium contient du silicium, je ne connais malheureusement pas de moyen de l'en débarrasser. Tous les essais que j'ai faits à ce sujet ont eu un résultat négatif; car de simples fusions du métal en creuset qui permettent de séparer par liquation une certaine quantité de métaux plus denses que l'aluminium, paraissent plutôt détériorer le métal siliceux que l'améliorer. Quand l'aluminium contient du fer ou du cuivre, chaque fusion le purifie jusqu'à une certaine limite, et si l'on opère à basse température, on trouve au fond du creuset une carcasse métallique contenant beaucoup plus de fer et de cuivre que l'alliage primitif. Dans les premiers temps, je faisais cette liquation dans la moufle d'un fourneau de coupelle dans laquelle l'accès de l'air permettait l'oxydation partielle du cuivre ou du fer dont était souillé l'aluminium. Le peu de plomb que peut prendre l'aluminium se sépare ainsi avec assez de facilité. Malheureusement le procédé né donne pas un résultat complétement satisfaisant.

Il en est de même de la fusion de l'aluminium impur sous un bain de sulfure de potassium sulfuré : il y a séparation d'une partie seulement du plomb, du cuivre et du fer. Ce qui nous a le mieux réussi, c'est le procédé que nous avons longtemps employé à l'usine de la Glacière, et qui consiste à fondre l'aluminium sous le nitre dans un creuset de fonte. Nous avons amélioré ainsi des quantités assez considérables de métal impur. Cette méthode a été décrite plus haut.

En fondant de l'aluminium contenant du zinc au contact de l'air, et à la température où le zinc se volatilise, on voit la plus grande partie du zinc brûler et disparaître à l'état d'oxyde ou pompholix. Pour obtenir une séparation complète des deux métaux, il faut chauffer l'alliage à une température très-élevée dans un creuset brasqué. Cette expérience réussit très-bien : mais, chose extraordinaire, l'aluminium s'oxyde légèrement à sa surface au milieu du charbon, parce qu'il agit plus énergiquement sur l'oxyde de carbone dont l'atmosphère du creuset est composée que sur l'oxygène de l'air lui-même. Le charbon qui se sépare dans ces circonstances est tout à fait amorphe.

Scorie interposée dans l'aluminium. — Il est extrêmement important de ne livrer au commerce que de l'aluminium entièrement exempt de la scorie au milieu de laquelle il s'est produit et dont toute sa masse reste toujours imprégnée.

Nous avons expérimenté toutes sortes de procédés pour atteindre ce but et obtenir un métal qui ne cédât plus à l'eau par l'ébullition des substances fluorées ou chlorurées, et susceptibles, dans ce dernier cas, de précipiter le nitrate d'argent. A la Glacière, nous avons grenaillé l'aluminium en le versant en pleine fusion dans de l'eau aiguisée d'acide sulfurique ; nous avons partiellement réussi de cette manière. Mais le procédé dont se sert aujourd'hui M. Paul Morin, et qui semble donner les meilleurs résultats, est encore plus simple. On fond 3 à 4 kilogrammes d'aluminium dans un creuset de plombagine sans couvercle, et on maintient pendant très-longtemps le contact de l'air et du métal au rouge. Presque toujours il s'exhale de sa surface des fumées acides qui indiquent la décomposition par l'air ou par l'humidité de la substance saline interposée entre ses molécules. On retire le creuset du feu et on promène dans la masse métallique un écumoir en fonte dont la surface ne doit pas être décapée et qui n'est pas *mouillé* du tout par l'aluminium dans cette opération. On enlève ainsi des matières blanchâtres et scoriacées, en entraînant un peu d'aluminium que l'on met à part pour le refondre. Dans cette purification, en effet, on ne perd aucune portion du métal. Après avoir ainsi *écumé* l'aluminium, on le coule en lingotière. On recommence cette opération jusqu'à trois ou quatre fois, enfin jusqu'à ce que le métal soit parfaitement *sain*, ce qui n'est pas facile à voir à son aspect, car dès la première fusion l'aluminium brut coulé en lingotière a un éclat et une couleur tels, qu'on le jugerait tout à fait irréprochable. Mais le métal *n'est pas sain* quand il est ouvré, et surtout quand il est poli, il présente une multitude de petits points, *de piqûres,* comme on les appelle en termes techniques, qui donnent à la pièce un aspect désagréable, surtout après quelque temps. L'aluminium pur et dépouillé de scories gagne en couleur à l'usage. C'est le contraire pour l'aluminium impur ou pour le métal qui n'a pas été dépouillé de scories. Quand l'aluminium est soumis à une action lente, à laquelle sa nature ne lui permet pas de résister, sa surface peut se couvrir uniformément d'une poussière blanche et ténue : c'est de l'alumine. Toutes les fois qu'il se ternit en *noircissant*, on peut être sûr que l'aluminium contient une matière étrangère et que son altération dépend de son impureté.

Je viens de décrire les procédés divers qui peuvent servir aujourd'hui à la fabrication de l'aluminium. Je me suis arrêté au dernier et je l'ai donné comme étant, à mon avis, le meilleur. C'est après les avoir expérimentés tous successivement et avoir essayé bien des modifications, heureuses sous certains rapports, défavorables sous d'autres, que j'ai conseillé à mes amis de poursuivre notre tâche commune en faisant faire des progrès à une méthode éminemment susceptible d'améliorations de tout genre.

Bien des choses nous restent à faire encore certainement, et c'est à peine si nous pouvons dire que nous connaissons les vrais dosages des substances que nous employons. Mais la matière est si neuve, elle est hérissée de telles difficultés, même après tout ce qui a été fait, que notre jeune industrie peut tout espérer de l'avenir quand elle aura acquis l'expérience.

Je dois dire cependant que l'industrie de l'aluminium est en ce moment à un point tel, que si les usages du métal s'établissent rapidement, elle peut elle-même changer de face avec une rapidité extrême. On peut se demander aujourd'hui ce que coûterait le kilogramme de fer, si une usine n'en fabriquait que 60 à 100 kilogrammes par mois. Les grands appareils seraient exclus de cette fabrication : le fer probablement s'obtiendrait par des procédés de laboratoire qui ne permettraient à ce métal de devenir usuel qu'à la suite de transformations complètes. Il n'en serait pas de même pour l'aluminium, du moins avec les procédés que je viens de décrire. En effet, dans tout ce que j'ai entrepris, soit seul, soit avec mes amis, j'ai toujours été guidé par cette pensée, que nous ne devions adopter que des appareils susceptibles d'être immédiatement agrandis, et n'user que de matériaux presque aussi communs que l'argile elle-même dont l'aluminium provient.

CHAPITRE VI.

DES MÉTHODES ACTUELLES D'EXTRACTION DE L'ALUMINIUM.

Il a été proposé bien des méthodes autres que celles qui viennent d'être exposées pour l'extraction de l'aluminium. Quelques-unes de ces méthodes ont même été brevetées et par conséquent livrées à la publicité. Je dois dire que toutes celles dont j'ai eu connaissance, même quand elles ne présentaient aucune chance de réussite, ont été essayées dans mon laboratoire, et aucune d'elles n'a donné de résultat favorable.

J'ai essayé vainement de préparer de l'aluminium par un procédé de ce genre, qui consistait en réalité à mettre du sulfate d'alumine en contact avec du prussiate jaune de potasse à haute température. Il n'y avait en théorie rien d'absurde dans cette réaction, mais je peux affirmer qu'elle ne réussit pas.

D'ailleurs les dosages conseillés par l'auteur étaient tels, que les quantités de matière indispensables à mettre en présence pour obtenir de l'aluminium avec les rendements probables étaient certainement plus coûteuses que celles dont nous nous servons habituellement.

Il ne faut pas, en effet, dans des calculs de prix de revient, ne compter que les quantités théoriques des matières absolument nécessaires à la réaction. On verra, comme je l'ai dit dans mon Mémoire sur l'aluminium, combien la méthode par le sodium pourrait donner, au premier abord, d'espoir d'arriver à une solution complète de la question de l'aluminium dont nous sommes cependant encore bien loin. Voici le calcul que j'ai établi en 1856, dans un de mes Mémoires, et dont tous les chiffres sont encore aujourd'hui exacts à très-peu près.

Théoriquement, pour obtenir 2 équivalents ou 28 kilogrammes d'aluminium, il faut

3 éq. de chlore, 108 kilog. à 60 fr. les 100 kilog. (1).. 64,80[fr]
1 éq. d'alumine, 52 kilog. à 30 fr. les 100 kilog. (2)... 15,60
3 éq. de carbon. de soude, 159 kil. à 40 fr. les 100 kil. 63,60
____
2 éq. d'aluminium, 28 kil......................... 144,00

Ce qui porte à 5^{fr},02 le prix des matières rigoureusement nécessaires à la production de 1 kilogramme d'aluminium. Combien, après quatre ans de travail, est-on encore loin de la théorie.

La réduction de l'alumine, par un procédé direct, est encore au-dessus de nos forces.

J'ai essayé de préparer un sulfure d'aluminium pour le réduire soit par le sodium, soit par le fer, et mes premières tentatives ont échoué. Je dois pourtant en dire quelques mots.

On calcine légèrement de l'alun de potasse que l'on mélange avec du charbon et de l'huile, et que l'on soumet de nouveau à l'action d'une forte chaleur. On laisse bien refroidir le creuset dans lequel on a fait l'opération, et on transporte le résidu dans un tube de porcelaine que l'on chauffe violemment en le faisant traverser par un courant de vapeur de soufre ou mieux de sulfure de car-

____

(1) C'était le prix de revient du chlore à Javel.

(2) C'est le prix auquel a été cotée, à l'exposition de Portugal en 1855, l'alumine extraite du kaolin par l'acide chlorhydrique, d'après les renseignements que je dois à l'obligeance de M. Pimentel de Olivera.

bone. On obtient au milieu du charbon en excès de petites masses blanches rayonnées et possédant une texture cristalline très-prononcée. C'est un sulfure double de potassium et d'aluminium dont la composition est, d'après quelques essais insuffisants, mais selon toutes les analogies, représentée par la formule

$$Al^2 S^3, SK.$$

Cette matière au contact de l'eau se décompose avec un vif dégagement d'hydrogène sulfuré, et il reste un mélange d'alumine gélatineuse et de sulfure de potassium. En le mélangeant avec du sodium et chauffant, je n'ai pas obtenu trace d'aluminium, comme si le soufre formait avec l'aluminium un composé analogue avec l'alumine par ses propriétés chimiques. Avec le fer, j'ai eu, ce me semble, un commencement de décomposition, mais le résultat n'est probant d'aucune façon.

Je compte bien reprendre ces expériences; mais la difficulté avec laquelle se prépare le sulfure double m'en a empêché jusqu'ici et m'a ôté du moins presque tout espoir de voir un pareil procédé, même en cas de réussite, devenir industriel.

Il en est de même de la réaction du fer sur le chlorure d'aluminium à très-haute température. Il est certain qu'il se forme pendant cette réaction des quantités considérables de protochlorure de fer. Mais l'action s'arrête si le fer n'est pas en très-grand excès, et alors la quantité d'aluminium allié au fer suffit seulement pour le rendre plus fusible. Cette réaction a été tentée pour arriver à la production du protochlorure d'aluminium.

En résumé, je ne connais aucune voie ouverte en ce moment pour arriver à changer d'une manière profonde le système de fabrication aujourd'hui adopté. Je dois dire que je le regrette sincèrement : car le procédé actuel exige de ceux qui voudront le pratiquer une expérience prolongée et une connaissance intime de la matière, que les détails contenus dans ce livre ne pourront, je le crains bien, donner d'une manière satisfaisante. La description des *tours de main*, même les plus importants, est le plus souvent impossible et j'ai dû y renoncer bien des fois.

CHAPITRE VII.

DU BRONZE D'ALUMINIUM.

J'ai déjà dit quelques mots des alliages de l'aluminium. Ceux qui servent aujourd'hui dans l'industrie sont en petit nombre. Les alliages à 2 ou 3 pour 100 de cuivre sont utilisés par M. Christofle, qui les emploie à couler des objets d'art de grande dimension, destinés à être ciselés. Ces alliages, beaucoup plus durs que l'aluminium, se prêtent beaucoup mieux au travail du burin et du ciseau.

M. Christofle utilise également un alliage à 10 pour 100 d'aluminium avec 90 pour 100 de cuivre, dont les propriétés curieuses et éminemment utilisables ont été signalées pour la première fois par M. Debray.

Cet alliage est très-dur, il se lamine à froid, mais surtout à chaud avec une perfection remarquable, et on ne peut le comparer mieux qu'au fer, dont il partage sous ce rapport toutes les propriétés physiques. Il est aussi très-ductile.

Le bronze d'aluminium, car c'est ainsi qu'il est connu actuellement dans le commerce, se comporte comme une véritable combinaison, et par conséquent il ne tend pas, comme les alliages ordinaires, à se liquater, c'est-à-dire à se transformer sous l'influence de la chaleur en produits divers de composition définie. Le bronze d'aluminium se comporte donc lui-même comme une véritable combinaison stable formée de

9 équivalents de cuivre....	275	9
1 équivalent d'aluminium..	28	1
	303	10

Ce qui le prouve bien, c'est qu'au moment où pour le fabriquer on met dans du cuivre *bien pur* et fondu un barreau d'aluminium, la combinaison s'effectue avec un dégagement de chaleur telle, que le creuset entre en pleine fusion, s'il n'est pas de bonne qualité. Alors la masse métallique et le creuset deviennent blancs de neige.

La couleur du bronze d'aluminium en lingot ou travaillé est exactement celle de l'or vert, qui, on le sait, est un alliage d'or et d'argent. Le bronze reçoit le plus beau poli, et sous ce rapport ne peut être comparé qu'à l'acier.

Ses propriétés chimiques ne peuvent pas différer beaucoup des propriétés de la plupart des alliages de cuivre. Cependant dans des essais nombreux nous avons remarqué qu'il résistait beaucoup mieux qu'eux à la plupart des agents chimiques, en particulier à l'eau de mer et à l'hydrogène sulfuré.

Mais sa propriété la plus curieuse et qui, nous l'espérons, lui procurera des applications sérieuses, c'est sa ténacité, qui ne peut être comparée qu'à celle de l'acier.

Voici les expériences que M. Lechatelier a fait faire avec des bronzes ou alliages de compositions diverses, coulés en cylindres, pour en déterminer la ténacité.

	ALLIAGES FAITS AVEC		DIAMÈTRE du cylindre coulé.	CHARGE de rupture.	CHARGE de rupture par millimèt. carré.
	Aluminium	Cuivre.			
			mm	kil	kil
Bronze à 10 pour 100..	10	90	10,0	4627	58,36
Idem.	10	90	10,1	4432	55,35
Bronze à 8 pour 100..	8	92	10,1	2657	33,18
Bronze à 5 pour 100..	5	95	10,1	2582	32,2
Idem.........	5	95	10,1	2517	31,43

D'après ses propres expériences M. Lechatelier a trouvé que les tôles et cornières anglaises se rompaient sous la charge de 30 kilogrammes environ par millimètre carré et les fers puddlés français sous la charge de 35 kilogrammes. On voit quelle différence considérable existe en faveur du bronze d'aluminium quand on le compare au métal dont la ténacité a été considérée longtemps comme le plus considérable.

M. Gordon a fait faire en Angleterre un certain nombre d'expériences pour constater la même propriété sur le bronze d'aluminium à 10 pour 100. Voici les résultats qu'il a obtenus et qu'il a bien voulu nous transmettre.

D'après M. Gordon, « le résultat du tréfilage a donné
» un fil d'une ténacité extrême, qui a été comparée à la
» ténacité de fils de cuivre du calibre anglais n° 16. On a
» obtenu pour les charges de rupture :

Pour le cuivre 190
Pour le fer................. 280
Pour le bronze d'aluminium... 434

» c'est-à-dire pour ce dernier fil une résistance à la
» charge de 84 kilogrammes par millimètre carré. »

Dans mes propres expériences pour un fil d'un peu plus d'un millimètre, j'ai obtenu avec l'appareil de M. Perreaux une résistance à la rupture de 85 kilogrammes par millimètre carré.

Le bon fer de Franche-Comté en pareille circonstance rompt sous la charge de 60 kilogrammes par millimètre carré et l'acier tréfilé sous une charge de 90 à 100 kilogrammes par millimètre carré. On voit d'après cela que l'acier seul, et encore l'acier le plus fin, peut être comparé au bronze d'aluminium sous le rapport de la ténacité.

Dureté. — Quant à la dureté, je dois à M. Polonceau, directeur de la traction au chemin de fer d'Orléans, d'avoir bien voulu faire faire quelques expériences qui ont été dirigées par un des ingénieurs de la compagnie, M. de Fontenay.

L'expérience a été faite sur deux coulisseaux placés sur une machine à vapeur de voyageurs. L'un de ces coulisseaux était en acier et l'autre en bronze d'aluminium, et « ce coulisseau retiré après une expérience de plus de six mois n'offre point de traces sensibles d'usure. Il a donc donné d'aussi bons résultats sous le rapport du frottement que le coulisseau d'acier placé sur la même machine et avec lequel nous avons à le comparer. » (Rapport de M. de Fontenay.)

Une expérience plus décisive sera tentée sur un coussinet de roue d'avant d'une locomotive, pièce pour laquelle il faut un métal tellement dur, qu'on est obligé d'ordinaire d'employer un alliage très-cassant.

Dans les circonstances ordinaires le bronze d'aluminium est une matière excellente pour les coussinets qui doivent supporter des frottements considérables dans des mouvements très-rapides. Son extrême malléabilité jointe à cette dureté et à cette ténacité que nous venons de lui constater, semblent promettre sous ce rapport une supériorité que des expériences plus nombreuses qui sont tentées de plusieurs côtés décideront bientôt.

Malléabilité. — La malléabilité de cet alliage est parfaite. Voici le résultat d'expériences exécutées par M. Boudaret, directeur des usines de Dangu (Eure), et que j'extrais du Rapport que cet ingénieur a bien voulu nous adresser.

« 1°. L'alliage en expérience (bronze d'aluminium à

» 10 pour 100) se lamine à toutes les températures depuis
» le rouge-cerise vif jusqu'à froid.

» 2°. Il se lamine parfaitement au rouge vif, se casse
» moins, s'allonge plus que le cuivre rouge pur.

» 3°. Il est très-dur à laminer à froid : au bout de quel-
» ques passes il ne s'allonge plus : il faut donc le recuire
» très-souvent, parce qu'il s'écrouit très-vite.

» 4°. Il résulte de ce qui précède qu'il y a tout avantage
» à laminer le bronze d'aluminium à la plus haute tempé-
» rature possible, pourvu qu'on n'arrive pas à la fusion.

» 5°. Le recuit avec la trempe le rend plus doux que
» le simple recuit sans la trempe. Quand, ayant été recuit
» au rouge vif, on ne le trempe dans l'eau froide qu'après
» l'avoir laissé refroidir dans l'air ambiant jusqu'au
» rouge, il est assez ductile et malléable à froid pour
» supporter sans se casser toutes les façons industrielles,
» si ce n'est l'emboutissage dans le genre des porte-
» plume. »

J'ai cru devoir insister sur les propriétés curieuses de
cet alliage, parce qu'elles m'ont paru présenter les caractères d'une substance éminemment utilisable.

CHAPITRE VIII.

DES APPLICATIONS DE L'ALUMINIUM.

Rien n'est plus difficile que de faire admettre dans les usages de la vie et de faire entrer dans les habitudes des hommes une matière nouvelle, quelle que puisse être son utilité.

Les objets de luxe et d'ornementation sont assez variables dans leur forme et dans leur nature, mais tout ce qui se rapporte aux nécessités de la vie et sert aux besoins de chaque jour ne se modifie au contraire qu'avec une extrême lenteur. J'ai tout espoir qu'un jour la place de l'aluminium se fera dans nos habitudes et dans nos besoins; mais il est très-heureux pour lui qu'on l'ait appliqué tout d'abord à des objets sans nécessité, ou, pour me servir d'une expression bien connue, à des objets de fantaisie. Employé en objets d'arts et à des bijoux, l'aluminium n'a rencontré aucune opposition sérieuse à son entrée dans le monde industriel, et peu à peu, à force de le manier et de l'employer, on lui fera naturellement la place qu'il doit occuper, et qui d'ailleurs, il faut le reconnaître, dépend beaucoup de son prix de fabrication et de vente.

Le premier objet d'art qui ait été fait en aluminium a été ciselé par M. Honoré; c'est un hochet destiné au Prince Impérial et qui a été commandé par le Ministre d'État et de la Maison de l'Empereur. On travaillait alors l'aluminium avec bien de la peine, et M. Bishop, l'un des premiers qui ait fait ouvrer des objets de bijouterie fine, a contribué par sa persévérance à donner à cette fabrication l'essor qu'elle a pris depuis.

M. Christofle, dans ces derniers temps, a montré à l'exposition de Dijon des groupes d'une très-grande dimension coulés et ciselés en aluminium, ou plutôt en un alliage à 2 pour 100 de cuivre qu'il a le premier utilisé et qui convient merveilleusement aux usages auxquels il l'applique. M. Christofle, qui a déjà employé à l'orfévrerie d'art près de 100 kilogrammes d'aluminium, a perfectionné considérablement dans ses ateliers le travail du moulage, de la ciselure et du décapage des pièces.

Dans les bijoux, au moyen d'un travail particulier de la surface, on donne au métal une couleur blanche d'une très-grande pureté et d'un éclat particulier qui est très-agréable. Pour les objets ciselés, cet aspect particulier du métal produit encore un effet plus heureux, parce qu'il permet de saisir toutes les finesses de la sculpture, finesses que l'éclat extrême de l'argent empêche de suivre dans tous leurs détails, et qui ne deviennent visibles que quand l'argent a perdu en se sulfurant tout son aspect métallique. M. Christofle prépare la surface des pièces d'aluminium en les plongeant dans de l'acide nitrique.

Dans la bijouterie et l'orfévrerie d'art, l'aluminium fait l'office d'un métal précieux ; c'est une conséquence nécessaire de la place qu'il occupe entre les métaux communs et les métaux précieux dont il se rapproche souvent. C'est en effet par son inaltérabilité à l'air que l'aluminium a pu avec avantage prendre place à côté de l'argent, et il me paraît évident que sous ce rapport, pour bien des usages où l'on a besoin d'un métal qui ne s'oxyde ni ne se sulfure, il entrera bientôt dans nos habitudes de n'employer que de l'aluminium.

Ainsi on a fait déjà des réflecteurs en aluminium qui sont vraiment inaltérables, qui ne prennent pas facilement, il est vrai, un aussi beau poli que l'argent, mais qui le conservent indéfiniment. Sans compter que l'aluminium ne donne pas, comme l'argent, une teinte jaune à la lumière qu'il réfléchit; et comme cette teinte jaune existe déjà d'une manière très-manifeste dans la lumière artificielle, la teinte un peu bleuâtre de l'aluminium l'annule en partie, ce qui fait que la lumière projetée par un réflecteur en alumininm est extrêmement douce, pour me servir d'une expression usitée. De plus, ce réflecteur subit sans inconvénient le contact des gaz sulfurés qui noircissent immédiatement l'argent, comme le gaz de l'éclairage par exemple.

L'argent a sur tous les métaux un avantage incontestable, c'est de posséder un éclat extraordinaire. C'est là ce qui explique l'usage si merveilleux qu'en a fait dans ces derniers temps M. Foucault pour la construction de ses télescopes à réflexion. L'aluminium ne possède pas cet éclat, mais cependant une pièce d'aluminium peut, comme l'acier et l'argent, prendre *le poli noir*, si on suit les prescriptions que j'ai déjà données au commencement de ce volume. L'aluminium pourra donc servir utilement comme matière réfléchissante toutes les fois qu'on pourra craindre sur le métal l'action de l'air chargé d'hydrogène sulfuré.

On n'a pas, que je sache, essayé dans l'ornementation de mêler de l'aluminium estampé avec le cuivre doré. Le contraste de ces deux couleurs produit, comme on le sait, un très-bon effet, et l'argent ne peut être employé en pareil cas à cause de la facilité avec laquelle il se ternit et noircit en se sulfurant. On pourrait peut-être, pour ces sortes d'objets, utiliser le plaqué d'aluminium sur cuivre que M. Savard a déjà pu fabriquer.

Une des qualités de l'aluminium qui lui ont permis de
prendre place dans la bijouterie, c'est l'absence de toute
odeur qui caractérise ce métal, surtout quand il est pur,
supérieur en cela même à l'or et à l'argent alliés qui ont
toujours un peu l'odeur du cuivre quand ils en contiennent une notable proportion, comme l'or des bijoux et
l'argent à bas titre.

On voit, d'après ce que je viens de dire, que l'aluminium pur, dans certains cas, joue le rôle d'un métal
précieux. Mais à vrai dire ce ne sera pas son rôle le plus
ordinaire, il devra surtout servir dans toutes les occasions
où l'on aura besoin d'un métal présentant une densité
très-faible ou une innocuité absolue.

**Usages fondés sur la légèreté spécifique de l'alu-
minium.** — Bien des tentatives ont été faites déjà pour utiliser la légèreté de l'aluminium. On voit aujourd'hui des
lunettes dont la monture est en aluminium. M. Loiseau a
construit des instruments de marine qui m'ont paru très-
bien choisis pour faire ressortir cette propriété du métal. Cet
habile artiste a fait pour M. l'ingénieur Gordon un sextant
d'une légèreté telle, que le poids de l'instrument n'était
pas le tiers du poids d'un instrument en cuivre de même
volume. Pour un sextant que l'on est obligé de tenir d'une
main et pendant longtemps en faisant des observations
sur le pont d'un navire qui oscille, la légèreté est un
avantage considérable, à cause de la fatigue extrême que
l'on éprouve bientôt lorsqu'on a manié pendant quelque
temps les cercles à réflexion. Les lunettes destinées à être
portées en voyage ou à la guerre et même les lorgnettes de
spectacle faites en aluminium, présentent une légèreté
telle, qu'on n'en comprend bien l'avantage qu'après avoir
ressenti l'impression singulière qu'on éprouve lorsqu'on

tient à la main un de ces instruments : on ne les croirait certainement pas en métal si on avait les yeux fermés en les prenant.

M. Rédier, un de nos plus habiles mécaniciens, a construit et donné au cabinet de physique de l'École Normale une horloge dont le pendule est compensé par des tiges d'aluminium : il a trouvé que ce métal, par sa légèreté et le chiffre de sa dilatabilité, était éminemment propre à servir en pareille circonstance.

On voit à Paris quelques objets destinés à faire partie des nécessaires et autres objets de voyage dans lesquels on a cherché évidemment à utiliser la légèreté spécifique de l'aluminium.

La légèreté de l'aluminium fait qu'on ne peut jamais le falsifier d'une manière préjudicable sans qu'on s'en aperçoive immédiatement. Quelques centièmes d'un métal étranger quelconque suffisent pour l'empêcher d'être travaillé au marteau ou au laminoir, de sorte qu'on ne peut le falsifier en le mélangeant avec des quantités notables d'un métal commun. D'un autre côté, si on essaye d'imiter sa couleur par un alliage composé avec des métaux sans valeur, la densité de cet alliage trahira la fraude immédiatement. C'est en réalité le métal dont la nature et la pureté seront le plus sérieusement garanties par les propriétés physiques de ses alliages, et le plus facilement constatées par la seule impression qu'il produit sur la main qui le soulève.

Enfin MM. Collot frères fabriquent depuis longtemps des divisions du gramme dans lesquelles, à cause de la rigidité du métal et de son extrême légèreté, le dixième de milligramme est encore très-maniable. Le poids de 5 centigrammes peut être encore tourné sous la forme d'un cylindre terminé par un bouton. Il a été exposé à

Dijon une balance fabriquée par ces messieurs et qui est un petit chef-d'œuvre de précision et de fini. Les couteaux sont en aigue-marine et toutes les pièces sont exclusivement en aluminium. Le fléau, qui est fabriqué depuis trois ans, n'a subi aucune atteinte ni des émanations atmosphériques, ni du contact des mains pendant tout ce temps, et cependant, d'après ma recommandation, aucune précaution n'a été prise pour le préserver de ces causes d'altération.

Usages fondés sur l'innocuité du métal. — Sous ce rapport l'expérience manque encore pour que mes appréciations soient bien certaines.

Pour que l'aluminium soit employé avec avantage dans l'économie domestique, il y a, je dois en faire la remarque, une condition essentielle à remplir. Il faut que l'aluminium ait été dépouillé de la manière la plus complète de toutes les scories dont il peut être souillé; sans cela, il se manifeste à sa surface, au bout d'un certain temps, de petites piqûres ou vides visibles seulement à la loupe, mais qui nuisent à l'aspect de l'objet fabriqué et employé.

M. Paul Morin possède depuis près d'un an de petites cuillers à café dont il se sert journellement : elles n'ont perdu ni leur éclat, ni aucune parcelle de leur substance, à l'exception de ce qui a pu être enlevé par l'usure. Évidemment il ne s'est manifesté aucune trace d'altération chimique sous l'influence des liquides de toute espèce avec lesquels ces cuillers ont été mises en contact prolongé.

J'ai vu également un couvert d'aluminium de grande dimension pesant 35 grammes, fabriqué avec un grand soin avec de l'aluminium fortement écroui, et ayant acquis par le travail du marteau une rigidité bien supérieure à la rigidité de l'argent même allié, malgré le faible poids de la matière. Ces couverts ont résisté à l'usure, mais se sont rayés peut-être un peu plus facilement que l'argent, parce que leur dureté est un peu moindre que la dureté de l'alliage qui sert habituellement à l'orfévrerie. Mais rien n'est plus facile que d'obvier à cet inconvénient, et de conserver l'innocuité absolue du métal, en alliant l'aluminium avec 2 ou 3 pour 100 d'argent. Seulement il faut encore n'avoir laissé dans le métal aucune trace de scorie saline ou fluorée, sous peine de voir les lingots noircir avec une grande rapidité, par suite de la formation d'un chlorure ou même d'un fluorure d'argent altérable sous l'influence de la lumière. Les lingots travaillés au marteau ne présentent plus cette propriété d'une manière sensible, sans doute parce que l'action mécanique qu'ils ont subie en a expulsé jusqu'à une certaine profondeur toutes les matières étrangères.

Les couverts ainsi préparés ont un son argentin excessivement développé qui les fera toujours reconnaître, quand on essayera de les imiter par des alliages de métaux communs. Il est curieux d'observer que cette propriété, en apparence insignifiante, a contribué à faire rechercher l'aluminium pour ces emplois.

Il ne faut pas se dissimuler, d'ailleurs, qu'à prix égal l'aluminium ne peut, pour ces usages, en aucune manière soutenir la concurrence avec l'argent dont la valeur fixe et susceptible d'être immédiatement convertie en numéraire, sera toujours exclusivement appréciée. Certainement aussi la beauté de l'argent le fera toujours préférer par toutes les personnes qui pourront se procurer de la vaisselle d'argent. Mais on peut supposer qu'à un certain moment et dans de certaines conditions, l'*argenterie* en aluminium sera préférée au cuivre ou même au maillechort argenté, dont la valeur comme métal est à peu près nulle, dont la conservation est loin d'être indéfinie, et dont enfin l'innocuité n'est pas absolue quand la couche d'argent a disparu des parties saillantes de la pièce. L'introduction de l'aluminium dans l'économie domestique dépend tout entière du prix du métal : et c'est là surtout qu'on appréciera la vérité de ce que j'ai annoncé, en admettant que l'aluminium est un métal intermédiaire qui nous manque.

Je viens, en effet, de le comparer à un métal précieux et d'en constater l'infériorité par rapport à l'argent; mais aussi sa supériorité sera bien plus incontestable si on le compare aux métaux comme l'étain, dont la mollesse ne peut être corrigée qu'au moyen du plomb, éminemment insalubre; comme le cuivre, qui présente à un point encore plus élevé ces inconvénients. De plus, l'odeur de ces métaux les fera toujours repousser. La question est aussi facile à résoudre quand on se demande comment l'aluminium pourra pénétrer dans nos ménages sous forme de vaisselle plate ou de vases culinaires.

M. P. Morin a expérimenté pendant longtemps un plat à faire cuire les œufs dont il s'est très-bien trouvé et qui n'a subi aucune altération, malgré l'alcalinité de l'albumine. D'autres essais dans ce genre sont encore à faire, surtout pour essayer de substituer l'aluminium à l'argent dans tous les cas où celui-ci peut être mis au contact du soufre ou des matières sulfurées.

Du moment où l'on pourrait remplacer le cuivre des vases culinaires par l'aluminium, on pourrait compter sur la suppression immédiate de tous les accidents qui résultent si fréquemment de la dissolution de l'étain et surtout du cuivre dans nos aliments. Mais il ne faudrait pas s'attendre à ce que ces vases eussent la beauté et même la durée d'un vase d'argent que l'on manie d'habitude avec de certaines précautions, parce qu'on sait que l'usure provoquée par un nettoyage grossier est une perte considérable. Il faudrait sans doute que l'aluminium, pour être immédiatement applicable à ces usages, fût livré au commerce à un prix bien plus bas que l'argent.

On doit supposer également que de très-petites quantités d'aluminium se convertiront en alumine insoluble et complétement inactives sous l'influence des aliments et des condiments en même temps salés et vinaigrés. Mais, d'après mes propres expériences, ces pertes seraient toujours négligeables, et à coup sûr la sécurité absolue dont on jouirait les compenserait amplement. Sous ce rapport donc l'aluminium, placé au-dessous de l'argent, doit être placé bien au-dessus et à une grande distance du cuivre et de l'étain.

Au surplus il est complétement inutile de vouloir dans les questions de ce genre devancer l'expérience, et les épreuves de laboratoire ne peuvent donner que des aperçus que la pratique confirme ou infirme et qui ne dispensent pas de son contrôle.

Ainsi aurait-on employé le plâtre pour les revêtements extérieurs, si on avait discuté l'expérience qui consiste à essayer l'action de l'eau sur le plâtre et dont il résulte qu'il suffit de 300 grammes d'eau pour dissoudre 1 gramme de plâtre? Aurait-on osé couvrir nos toits avec du verre si on avait connu l'expérience de M. Pelouze, dans laquelle on voit le verre pulvérisé perdre dans l'eau bouillante presque un tiers de son poids. Et cependant dans nos laboratoires le verre dans lequel on fait bouillir des acides concentrés, quoiqu'il s'attaque sensiblement, résiste toutefois pendant un temps très-long. Les curieuses expériences de M. Chevreul sur l'action profonde qui s'exerce sur le verre par l'influence des alcalis, n'empêchent pas d'employer ces vases à la conservation des dissolutions de soude, de potasse, de baryte ou de chaux.

Maintenant, quand on réfléchit à la résistance de l'aluminium à l'action des acides, à la quantité considérable de ceux-ci qu'il faut employer pour dissoudre une faible proportion de ce métal, à cause de la petitesse de son équivalent, on partagera mon espoir de voir l'aluminium, quand il sera devenu suffisamment abondant, pénétrer partout où sa légèreté et son innocuité permettront de l'employer.

L'innocuité de l'aluminium sera peut-être encore utilisée pour la construction des appareils de chirurgie dont le poids est un inconvénient ou une cause de douleur : là-dessus je n'ai pu recueillir d'autres renseignements que ceux qui ont été donnés à l'article des propriétés chimiques de l'aluminium.

Dans ces derniers temps, la Société des Amis des Sciences a fait frapper à Paris un grand nombre de médailles à l'effigie de M. Thenard, son illustre fondateur. Ces médailles sont fabriquées à la Monnaie de Paris, avec une grande perfection : elles m'ont fait concevoir l'espérance de voir désormais l'aluminium employé sous cette forme, qui convient à merveille pour faire apprécier sa belle couleur et ses qualités.

Emploi des alliages. — Il est utile de connaître les applications déjà faites de l'aluminium et de ses alliages, pour savoir quelle est la matière que l'on doit préférer à l'emploi dans les diverses circonstances où l'on voudra l'utiliser.

Pour la fabrication des objets qui exigent une grande

légèreté, sans que la densité de la matière soit d'une bien grande nécessité, l'aluminium pur devra être préféré à ses alliages à cause de la facilité avec laquelle il se travaille et de l'originalité de sa couleur. C'est donc de l'aluminium aussi pur que possible qu'il faut employer dans la fabrication des bijoux et dans la plupart des objets de luxe.

Alliage de cuivre. — Pour les objets d'art coulés et ciselés dont la matière doit présenter une certaine dureté, sans qu'une malléabilité bien parfaite soit indispensable, les alliages de cuivre et d'aluminium sont préférables. Aussi la ciselure de l'aluminium, allié à 2 ou 3 pour 100 de cuivre, est une opération facile qui s'effectue tous les jours dans les ateliers de M. Christofle et par les ouvriers qui sculptent le bronze et l'argent par les mêmes procédés. Cet alliage se blanchit très-bien par l'immersion dans la soude caustique et étendue, et un dérochage dans l'acide nitrique : il possède une très-belle couleur.

Alliage d'argent. — Quand on veut donner à l'aluminium de la dureté sans lui enlever son innocuité et en lui laissant de la malléabilité, on peut l'allier avec de l'argent dans la proportion de 2 à 5 pour 100. Mais, je le répète, il faut employer à cet usage de l'aluminium absolument dénué de chlorure et de fluorure alcalins, sans cela l'argent s'altère, la combinaison de chlore ou de fluor formée est influencée par la lumière et l'aluminium noircit rapidement. Cependant cet inconvénient disparaît à peu près complétement après le corroyage de l'alliage au laminoir et surtout au marteau, parce les matières étrangères disparaissent ainsi presque complétement, au moins à la surface des objets fabriqués.

Alliages mixtes. — Dernièrement, M. Hugues Darier, mécanicien très-distingué de Genève, a fait un grand nombre d'essais pour introduire l'aluminium dans les alliages de cuivre et d'argent servant à l'horlogerie et à la bijouterie. Il est arrivé à des résultats très-remarquables en employant certaines proportions que je ne connais pas et surtout en prenant des précautions particulières pour la fabrication de l'alliage lui-même. Le principal mérite de ces matières consiste en une belle couleur et en une dureté spéciale que l'aluminium apporte dans le mélange de ces métaux et qui lui donne une grande résistance à l'usure. Je ne fais que donner ces indications sur un sujet qui est en ce moment à l'étude entre des mains très-habiles.

Soudure de l'aluminium. — L'aluminium peut se souder, mais d'une manière très-imparfaite, soit au moyen du zinc et du cadmium, soit au moyen des alliages de l'aluminium avec des métaux. Mais une difficulté toute particulière vient de ce qu'on ne possède encore aucun fondant qui décape l'aluminium sans altérer la soudure ou qui protégeant la soudure n'attaque pas l'aluminium. Il y a un obstacle dans la résistance particulière de l'aluminium à se laisser *mouiller* par les métaux plus fusibles que lui et qui s'y allient. Aussi la soudure ne *coule* pas et n'est pas *attirée* pour ainsi dire par les surfaces juxtaposées entre lesquelles on veut l'introduire. M. Christofle et M. Charrière ont fabriqué en 1855, pendant l'Exposition, des pièces soudées avec le zinc ou l'étain. Mais cette soudure *faible* n'est pas solide. MM. Tissier, à la suite d'essais qui ont été faits dans mon laboratoire, ont proposé des alliages d'aluminium avec le zinc et l'argent qui ne réussissent pas mieux. Enfin M. Denis, de Nancy, a remarqué que toutes les fois qu'on touchait l'aluminium et la soudure fondue à sa surface avec une lame de zinc, l'adhésion se manifestait entre eux d'une manière très-rapide, comme si un état électrique particulier la déterminait au moment du contact : mais on n'obtient encore que des soudures faibles et insuffisantes dans la plupart des cas.

Depuis longtemps M. Hulot a proposé de tourner la difficulté en cuivrant préalablement la pièce, puis en soudant entre elles les surfaces recouvertes de cuivre. Pour cela on plonge l'aluminium ou du moins les parties qu'on veut souder dans un bain de sulfate de cuivre acide. On met le pôle positif de la pile en communication directe avec le bain, et on touche avec le pôle négatif les pièces à cuivrer et le dépôt de cuivre s'effectue très-régulièrement sur l'aluminium. Ce sont les surfaces ainsi préparées qu'on soude par les procédés ordinaires.

Enfin, M. Mourey a réussi à souder l'aluminium par des procédés qui me sont tout à fait inconnus et qui, d'après les échantillons que j'ai vus, me paraissent excellents. J'espère donc que ce problème a trouvé grâce à lui une solution très-importante pour la vulgarisation des emplois de l'aluminium.

Choix des applications de l'aluminium. — Je ne saurais trop recommander, dans l'intérêt même de l'avenir de la nouvelle industrie, de n'appliquer l'aluminium qu'à la fabrication des objets auxquels il convient spécialement, à cause de sa couleur, de sa légèreté, de son innocuité et de son inaltérabilité à l'air dans les conditions ordinaires. L'aluminium ne jouissant pas des propriétés qui rendent l'or et le platine des métaux éminemment *précieux*, il serait dangereux de l'employer à des usages où il pourrait entrer en contact avec de l'acide muriatique ou des alcalis. Ainsi j'ai vu exposées dans les vitrines de quelques fabricants des tabatières en aluminium. Or on peut considérer l'ammoniaque comme le principal agent de l'excitation que produit sur nos organes le tabac à priser, et l'on sait que l'ammoniaque agit sur l'aluminium pour le transformer en alumine lorsque les deux matières sont en présence de l'eau dont le tabac frais est toujours imprégné. Il ne faudrait donc pas s'étonner que la boîte métallique s'altérât sous cette influence. L'argent, s'altérant très-rapidement par l'action des matières sulfurées, par exemple de la moutarde, on n'a jamais songé à faire un moutardier en argent. De même l'aluminium devra être exclu de tous les usages où son contact avec les alcalis pourrait en déterminer l'altération, et l'exemple que je viens de citer suffira, j'espère, pour empêcher les fabricants de faire des essais dangereux. Il sera bon, pour prévenir les erreurs de ce genre, de lire l'article de cet ouvrage qui concerne les propriétés chimiques de l'aluminium.

CHAPITRE IX.

ANALYSE DE L'ALUMINIUM DU COMMERCE.

L'aluminium du commerce et ses alliages peuvent contenir les éléments suivants :

Chlore,
Fluor,
Silicium,
Aluminium,
Fer,
Sodium,
Zinc,
Cuivre,
Argent.

Chlore. — Pour doser le chlore qui se trouve dans l'aluminium, on dissout 1 à 2 grammes de métal dans la soude caustique et pure, on sature par de l'acide nitrique qu'on ne doit mettre qu'en très-léger excès, on filtre et on ajoute quelques gouttes de nitrate d'argent pour précipiter le chlore à l'état de chlorure d'argent que l'on pèse après un lavage prolongé.

Fluor. — On dissout encore l'aluminium dans la soude, puis on filtre (on a soin de n'employer que des quantités restreintes de réactifs, de soude en particulier), et l'on sature à peu près par de l'acide sulfurique pur : il faut avoir soin de laisser un très-léger excès d'alcali, sans séparer l'alumine qui se sépare au moment où on va atteindre le point de saturation complète. On évapore le tout dans un creuset de platine, et lorsque la matière est sèche, on l'arrose avec de l'acide sulfurique pur et on chauffe en recouvrant le creuset avec une lame de verre couverte d'un vernis sur lequel on a tracé des lignes régulières avec une pointe de cuivre. Une plaque de quartz préparée de la même manière convient mieux, d'après les observations de M. Nicklès; on s'en servira si on en possède une. En chauffant le creuset de platine on dégagera des vapeurs d'eau mélangées d'acide fluorique qui viendront se condenser sur le verre ou le quartz et le graveront d'une manière visible si l'aluminium contient du fluor. On détachera le vernis restant avec un peu d'alcool et on cherchera s'il y a une trace sensible des dessins qui ont été faits sur le vernis. Quelquefois en couvrant le verre d'épreuve avec l'haleine d'un peu d'humidité, ces traces deviennent plus apparentes.

Silicium. — On attaque l'aluminium par de l'acide chlorhydrique pur et on évapore à sec dans un vase de platine; il reste un mélange de silicium, de protoxyde de silicium et de silice (1) insolubles qu'on sépare par décantation ou par le filtre. Ce mélange de matières siliceuses est ensuite calciné avec le filtre dans un vase de platine taré et à une basse température. Souvent on voit une petite flamme se produire sur quelques points de la masse par suite de la production, aux dépens du protoxyde de silicium, d'un peu d'hydrogène silicié qui brûle (2). Le protoxyde de silicium alors a complétement

---

(1) L'évaporation de sa liqueur est indispensable pour rendre insoluble la quantité très-notable de silice qui reste dans la liqueur à cause de la présence de l'acide chlorhydrique.

(2) Il y a ainsi une petite perte qu'on évite en mouillant la matière avec de l'ammoniaque avant de la calciner.

disparu et on pèse le mélange de silice et de silicium. Cela fait, on le traite par un peu d'acide fluorhydrique étendu qui dissout la silice et laisse le silicium qu'on lave avec soin. Une nouvelle pesée donne le poids du silicium restant et par suite le poids de la silice avec laquelle il était mélangé. On a ainsi tout ce qu'il faut pour calculer le silicium de la matière essayée.

Sodium. — Les autres éléments se dosent avec la matière même qui reste après qu'on a séparé la silice et le silicium. On mêle cette liqueur avec un grand excès d'acide nitrique, et on évapore dans une capsule de porcelaine couverte par un entonnoir de verre, de manière à tout transformer en nitrates qu'on transporte dans une capsule de platine : on réduit à sec et l'on calcine légèrement sur le bain de sable, la capsule étant couverte, jusqu'à ce que d'abondantes vapeurs nitreuses se produisent sur tous les points de la masse. On laisse refroidir et on mouille la matière sèche avec une solution de nitrate d'ammoniaque additionnée d'ammoniaque. On chauffe jusqu'à ce que toute odeur d'ammoniaque ait disparu, et on reprend par l'eau et séparant par décantation toutes les matières solubles. On décante pour plus de précaution sur un filtre. On a ainsi une liqueur A qui contient le sodium provenant de l'aluminium, et un produit insoluble B, mélange d'alumine, de fer, etc.

A la liqueur A on ajoute une goutte d'oxalate d'ammoniaque qui quelquefois sépare une trace de chaux, indice de la présence de fluorure de calcium dans les scories dont peut être imprégné un mauvais métal.

On évapore ensuite dans une capsule de platine tarée, et lorsqu'on n'a plus que du nitrate d'ammoniaque dans la capsule, on la recouvre d'un entonnoir et on chauffe à 200 ou 300 degrés pour décomposer le nitrate d'ammoniaque. Il reste alors du nitrate de soude qu'on mouille avec quelques gouttes d'eau sur lesquelles on met quelques cristaux d'acide oxalique; on sèche, on calcine, et il reste du carbonate de soude qui doit être imprégné d'un peu de charbon provenant de la décomposition irrégulière de l'oxalate de soude. On le dissout dans l'eau, et cette dissolution doit être claire, sinon on la filtre; on la mélange alors avec un peu d'acide chlorhydrique, on évapore à sec, on chauffe à 200 degrés et on pèse la soude à l'état de chlorure de sodium.

Fer. — Le produit insoluble B, qui est un mélange d'alumine et de fer, est chauffé au rouge dans la capsule de platine qui le contient et transporté en tout ou en partie (1) dans une nacelle de platine (2) tarée, où on le pèse. On introduit cette nacelle dans un tube de porcelaine ou mieux de platine que traverse un courant d'hydrogène pur. Quand le tube est bien rouge, on remplace le courant d'hydrogène par de l'acide chlorhydrique gazeux qui transforme tout le fer en protochlorure de fer volatil sans toucher à l'alumine. A la fin de l'opération, au moment où le tube n'est plus rouge, on remplace de nouveau l'acide hydrochlorique par l'hydrogène. Enfin on retire la nacelle de platine, on la pèse de nouveau, et la différence de poids donne le sesquioxyde de fer mélangé avec l'alumine et par suite le fer provenant de l'aluminium.

Aluminium. — Avec le poids de l'alumine restant

---

(1) Quand on ne traite ainsi qu'une portion de la matière, on en tient compte ensuite dans le calcul de l'analyse.

(2) Il est bon de faire toutes ces pesées, la nacelle étant enfermée dans une sorte d'étui fait avec un tube de verre fermé à la lampe à l'une de ses extrémités et à l'autre par un bouchon de liége. La tare de cet étui est faite en même temps que la tare de la nacelle.

dans la nacelle, on calcule facilement le poids de l'aluminium correspondant.

Il ne faut pas du tout se fier à la couleur parfaitement blanche de l'alumine pour admettre qu'elle est dénuée de fer. L'expérience m'a appris qu'on serait souvent trompé de la manière la plus grossière.

L'aluminium du commerce contient rarement du sodium à l'état métallique. Quand cela existe, on s'en aperçoit facilement en comparant les poids qu'on obtient pour le sodium et pour le chlore dans les analyses. Quand il existe du sodium dans le métal, la quantité de chlore dosé est insuffisante pour saturer le sodium déterminé par l'analyse. Cependant cette assertion n'a de valeur absolue qu'autant que l'aluminium ne renferme pas de fluor.

Voilà les procédés que j'ai employés pour analyser successivement au fur et à mesure de leur apparition les échantillons d'aluminium qui ont paru dans le commerce, surtout pour m'expliquer les réactions étranges que certains d'entre eux manifestaient. Mais aujourd'hui la fabrication de l'aluminium a fait d'assez grands progrès pour qu'on puisse le livrer au commerce absolument exempt de toutes les matières que je viens d'énumérer, à l'exception pourtant du silicium et du fer, qui ne doivent y exister qu'en faible proportion. Seulement il faut qu'il ait été préparé et purifié avec toutes les précautions que j'ai signalées dans le courant de cet ouvrage.

Les éléments que l'on fait entrer dans l'aluminium à l'état d'alliage peuvent s'en séparer par des procédés très-simples que je donnerai ici sous la forme de méthode d'essais, et suffisamment exacts dans la plupart des cas.

Zinc. — Pour extraire le zinc de l'aluminium, on le dissout dans l'acide chlorhydrique, on sature par l'am-

moniaque, ce qui précipite de l'alumine et un peu de silice, on met un excès d'acide acétique et l'on filtre pour
séparer tout ce qui reste insoluble, silice et silicium;
puis on fait passer un courant d'hydrogène sulfuré qui
sépare du sulfure de zinc qu'on lave avec soin par de
l'eau distillée saturée d'hydrogène sulfuré. On calcine le
précipité dans un petit creuset de platine chauffé dans la
moufle ou dans la flamme oxydante d'une lampe à double
courant, et on pèse le zinc à l'état d'oxyde.

Cuivre. — On suit la même marche que pour le zinc.
On dissout l'alliage dans l'acide chlorhydrique et un peu
d'acide nitrique, on sursature par l'ammoniaque, ce qui
détruit le protoxyde de silicium, et dans la liqueur acidulée de nouveau par l'acide chlorhydrique et filtrée, on
précipite le cuivre par l'hydrogène sulfuré. Le sulfure de
cuivre doit être lavé avec une dissolution d'hydrogène
sulfuré, et le filtre étant grillé avec le sulfure de cuivre
dans un petit creuset de platine, donne le cuivre que l'on
pèse à l'état d'oxyde.

Argent. — On dissout l'aluminium dans de l'eau régale faible, on étend la liqueur et on la filtre pour en séparer la silice, le silicium, le protoxyde de silicium et
enfin le chlorure d'argent insoluble qui restent sur le filtre
qu'on lave avec le plus grand soin. On verse ensuite de
l'ammoniaque concentrée sur la matière insoluble, et on
en sépare ainsi le chlorure d'argent qu'on précipite en
sursaturant la liqueur alcaline par de l'acide nitrique. Le
précipité de chlorure d'argent, séparé par la décantation,
est desséché à 200 ou 300 degrés et pesé. On déduit de
son poids la quantité d'argent que renfermait l'alliage.

CHAPITRE X.

DU BORE CRISTALLISÉ OU DIAMANT DE BORE.

Je crois devoir donner dans ce chapitre les propriétés et le mode de préparation d'une matière très-curieuse, et, selon moi, susceptible de certaines applications. Elle s'obtient aujourd'hui exclusivement avec l'aluminium, de sorte que sa place se trouve toute marquée à la suite des applications de l'aluminium.

Le chapitre qu'on va lire est extrait du travail que M. Wöhler et moi nous avons récemment publié sur cette matière dans les *Annales de Chimie et de Physique*.

L'acide borique est une matière très-commune qui entre dans la composition du borax et qu'on retire en quantité considérable des lagoni de la Toscane. Le radical de l'acide borique est le bore, tout à fait comparable au charbon par ses propriétés physiques. Il affecte trois formes distinctes : dans l'une il est l'analogue du charbon de bois; dans la seconde, il ressemble au graphite ou plombagine, enfin dans la troisième, il est l'analogue du diamant.

On prépare cette troisième forme du bore, qui est au bore amorphe ce que le diamant est au charbon commun, en faisant réagir l'aluminium sur l'acide borique : on met dans un creuset de charbon de cornues 80 grammes d'aluminium en gros morceaux et 100 grammes d'acide borique fondu en fragments. Le creuset de charbon est introduit avec de la brasque dans un creuset de plombagine de bonne qualité, et le tout est mis dans un fourneau

à vent qui puisse fondre facilement le nickel pur. On
maintient la température à son maximum pendant cinq
heures environ, en ayant bien soin d'enlever avec un rin-
gard toutes les scories qui embarrassent la grille. Après
le refroidissement on casse le creuset, et on y trouve deux
couches distinctes : l'une vitreuse, composée d'acide borique et d'alumine ; l'autre métallique, caverneuse, gris
de fer, hérissée de cristaux que l'on reconnaît facilement
à leur éclat : c'est de l'aluminium imprégné de cristaux
de bore dans toute sa masse. Toute la partie métallique
est traitée par une lessive de soude moyennement concentrée et bouillante qui dissout l'aluminium, puis par l'a-
cide chlorhydrique qui enlève le fer, enfin par un mélange
d'acide fluorique et d'acide nitrique pour extraire les
traces de silicium que la soude aurait pu laisser mélangé
avec le bore.

Cependant le bore n'est pas encore pur ; il contient à
l'état de mélange des plaques d'alumine que l'on peut
enlever mécaniquement dans la plupart des cas, sinon il
faut employer le procédé suivant, qui est applicable aux
plaques d'alumine pénétrées de cristaux de bore, et dont
on veut extraire ces cristaux, qui sont quelquefois fort
beaux. Il arrive souvent que la digestion un peu prolongée avec de l'acide fluorhydrique provoque la dissolution
de l'alumine : quand il n'en est pas ainsi, on fond le bore
mélangé d'alumine avec de l'acide phosphorique vitreux
en maintenant au rouge le creuset de porcelaine où se fait
l'opération. Il faut une température très-élevée pour que
le bore adamantin décompose l'acide phosphorique, et on
est averti alors par le dégagement d'un peu d'hydrogène
dont la flamme est colorée par le phosphore. On extrait
du creuset le mélange que l'on vient de préparer pendant
qu'il est encore chaud et fondu, sans cela il faudrait cas-

ser le creuset de porcelaine auquel l'acide phosphorique adhère très-fortement. On met la matière en digestion avec de l'eau acidulée d'acide chlorhydrique, qui dissout l'acide phosphorique et un peu de phosphate d'alumine formé pendant l'opération précédente. Mais la plus grande partie du phosphate d'alumine reste sous la forme d'une poussière cristalline mélangée au bore, et que l'on ne peut attaquer que par la potasse ou la soude monohydratées que l'on chauffe au rouge très-sombre. En reprenant par l'eau, on dissout un mélange de phosphate et d'aluminate de potasse ou de soude, et une digestion prolongée du bore restant avec de l'acide chlorhydrique en achève la purification.

L'acide borique que l'on trouve dans le creuset de charbon de cornues où l'on a préparé le bore, contient en dissolution une grande quantité d'alumine que l'eau en sépare avec la plus grande facilité sous forme gélatineuse. Ce fait de séparation spontanée de l'alumine et de l'acide borique est tout à fait conforme aux observations que M. H. Rose a faites à propos de l'action que l'eau exerce sur les borates à base insoluble.

Le bore adamantin a été chauffé à la température de fusion de l'iridium, sans porter aucune trace d'un changement d'état.

A une température élevée, il résiste très-facilement à l'action de l'oxygène : cependant il s'oxyde à la température où le diamant brûle, mais une petite couche d'acide borique qui se forme à sa surface, et que l'on aperçoit facilement, empêche l'action de se propager.

Le chlore, au contraire, agit avec une énergie remarquable sur le bore, qui s'enflamme au rouge dans une atmosphère de ce gaz, et se transforme en chlorure de bore gazeux. Il est très-difficile d'avoir du chlore assez sec pour qu'il ne se développe pas un peu de fumée au moment où la combustion du bore commence, et on voit alors se déposer sur les parois du tube où l'on fait l'expérience, même quand le bore est pur, un sublimé cristallin composé d'acide borique et de chlorure ou d'oxychlorure de bore provenant de l'eau et de l'air contenus dans le chlore. Le bore cristallisé et bien pur brûle sans résidu : pendant la combustion, on observe ce gonflement apparent des cristaux qui caractérise la combustion du diamant dans l'oxygène, d'après l'observation de M. Dumas.

Chauffé au chalumeau entre deux lames de platine, il détermine immédiatement la fusion du métal par suite de la formation d'un borure très-peu réfractaire. C'est un alliage très-cassant que l'on obtient avec la plus grande facilité en chauffant avec du bore amorphe de la mousse de platine, à peu près à la température de fusion de la fonte. On réussit très-bien à préparer des alliages semblables avec le palladium et avec l'iridium lui-même, quoique cependant celui-ci exige pour se fondre une température plus élevée. Enfin l'osmiure d'iridium au contact du bore s'en empare à haute température et fond sans perdre d'osmium, en produisant un culot gris d'acier d'une dureté extrême. Cette expérience est très-curieuse et réussit très-bien.

Les acides quels qu'ils soient, purs ou mélangés, n'ont aucune action sur le bore, soit à froid, soit à chaud ; cependant l'eau régale paraît à la longue exercer une action disolvante, quoiqu'elle soit bien faible. Le bisulfate de potasse le transforme en acide borique avec dégagement d'acide sulfureux.

La soude caustique bouillante et concentrée ne l'altère

pas, mais la soude monohydratée le dissout lentement au rouge franc. Le nitre, à cette température, ne paraît pas agir sensiblement sur le bore cristallisé.

La densité du bore est 2,68, c'est-à-dire un peu supérieure à celle du silicium. On remarquera que le silicium et la silice ont la même densité ; que la densité du bore est notablement supérieure à la densité de l'acide borique ; enfin que la densité du diamant est considérable par rapport à la densité de l'acide carbonique liquide. En faisant ici un rapprochement que des expériences ultérieures pourront légitimer, nous ferons remarquer qu'avant le silicium se place encore l'aluminium dont la densité égale à peine les $\frac{2}{3}$ de la densité du corindon.

Tout le monde sait que le diamant est de beaucoup la plus dure des matières connues, et qu'il raye le corindon ou rubis oriental, lequel sous ce rapport vient immédiatement après lui. Le bore raye le corindon avec la plus grande facilité, si bien que l'on perce avec la poussière de bore et très-rapidement les rubis les plus durs destinés à supporter les pivots des roues de montres. Le diamant, et même les diamants les plus durs, peuvent être rayés par le bore, comme je l'ai vu chez M. Froment, l'habile mécanicien que j'avais consulté à ce sujet et qui, avec un cristal de bore, a rayé un plan de diamant de la plus grande dureté. M. Voorzanger, d'Amsterdam, a aussi fait servir le bore cristallisé de l'espèce la moins dure à la taille des diamants, et il a bien réussi, quoique l'opération soit plus longue et exige plus de poussière de bore que de poudre de diamant. Nous avons eu l'honneur de présenter à l'Académie un diamant à faces naturelles, d'une dureté excessive, et que la poudre de diamant n'attaque qu'avec lenteur. Ce diamant a été usé par le bore sur les arêtes de l'octaèdre qui présentait d'abord une rainure et deux bords saillants (1) : on a pu remarquer que les bords saillants ont disparu, et que dans plusieurs endroits la rainure elle-même a été complétement effacée, ce qui indique une impression très-profonde. L'habile artiste M. Guillot, graveur sur pierre, qui a bien voulu faire exécuter ces essais dans ses ateliers au moyen de meules d'acier neuves, et les suivre avec attention, nous a dit que le bore, tout en usant le diamant, agissait avec plus de lenteur que le diamant lui-même, et enfin qu'au bout d'un certain temps, l'outil qui porte la poudre de bore s'empâtait, ce qui est un indice d'une dureté moindre que celle du diamant; cependant cette observation n'est pas applicable à la plus dure des variétés de bore dont il sera question plus loin.

Le bore est transparent; il possède un éclat et une réfringence tels, que ses cristaux ne sont, sous ce rapport, comparables qu'au diamant. C'est à cette extrême réfringence qu'est dû l'aspect métallique des cristaux trop volumineux pour se laisser traverser par la lumière. Il est à présumer que si l'on obtenait du bore incolore et en gros cristaux, il présenterait exactement l'aspect du diamant avec tous ses effets de lumière réfléchie et réfractée.

Le bore adamantin se présente avec des couleurs très-différentes, depuis le rouge grenat, foncé au point de produire l'opacité, même sous une faible épaisseur, jusqu'au jaune de miel presque incolore. Nous avons analysé la matière sous ses différents états, et nous avons trouvé chaque fois sa composition changeant un peu en même temps que sa couleur. Aujourd'hui nous en avons trois

---

(1) Ce diamant est actuellement à la collection de minéralogie de l'École Normale.

variétés distinctes qui nous paraissent posséder au moins deux formes cristallines que l'on ne peut confondre : nous les étudierons successivement.

I. — Le bore qui compose cette variété est en lames d'un éclat métallique au moins égal à l'éclat du diamant; il paraît noir et opaque, transparent néanmoins dans les portions les moins épaisses du cristal. Ce bore est très-clivable, ce qui rend ses cristaux assez fragiles; mais sa dureté est considérable. Il est composé de

$$
\begin{array}{lr}
\text{Carbone} & 2,4 \\
\text{Bore} & \underline{97,6} \\
& 100,0
\end{array}
$$

L'analyse du bore est une opération délicate qui nous a offert quelques difficultés. Voici le procédé auquel nous nous sommes arrêtés : Le bore pesé et introduit dans une nacelle de platine était brûlé par le chlore dans un long tube de verre de Bohême. La nacelle était placée tout près de l'extrémité du tube par lequel arrivait le chlore; elle était chauffée par des charbons ardents jusqu'au point où le verre se ramollit. Dans cette réaction il se dégage du chlorure de bore fumant qu'on laisse échapper, et il reste dans la nacelle du charbon que l'on pèse et que l'on brûle dans l'oxygène en recueillant l'acide carbonique. Souvent le carbone reste en conservant la forme des cristaux de bore, tels qu'on les a mis dans la nacelle. Il se forme toujours dans cette opération une faible quantité d'un sublimé blanc, légèrement jaunâtre, qui s'échauffe au contact de l'eau et s'y dissout à peu près complétement, surtout au bout de quelque temps. On y trouve du chlorure de soufre, provenant de l'action du chlore sur le caoutchouc vulcanisé, et de l'acide borique dont l'oxygène a été fourni par le courant de chlore qui en amène toujours, soit à cause de l'air des appareils, soit qu'il provienne de l'action de l'acide chlorhydrique sur le manganèse, ou de l'humidité du gaz qu'il est très-difficile de dessécher au moyen des appareils généralement employés. Sous ces influences, il se forme une substance volatile, solide et décomposable par l'eau en acides chlorhydrique et borique, et dont on obtient des quantités considérables pendant la préparation du chlorure de bore; c'est un oxychlorure de bore, dont la nature et la composition exactes n'ont pu encore être déterminées.

Il faut rechercher dans ce sublimé tous les éléments fixes qu'il peut contenir; pour cela on le dissout dans l'eau et on évapore cette solution presque à sec, en y ajoutant un peu de fluorhydrate de fluorure de sodium (et mieux de fluorhydrate d'ammoniaque) avec de l'acide sulfurique en excès; on pousse l'évaporation jusqu'au point où l'acide sulfurique entre en vapeur, et on reprend par l'eau. La dissolution laisse sur le filtre une petite quantité de matière sableuse provenant de la silice, soit du fluorure de sodium, soit même du bore qui peut contenir du silicium. Traitée par l'ammoniaque, cette solution donnerait un précipité d'alumine ou de fer s'il existait l'un ou l'autre de ces éléments dans les échantillons que l'on analyse. La première variété de bore dont nous nous occupons en ce moment-ci ne présente rien de semblable.

La forme cristalline de cette variété de bore a été examinée successivement par nous, M. Sella, et M. Sartorius Von Waltershausen : nos mesures ne nous ont rien donné jusqu'ici de bien précis, quoique nous ayons observé des faces dont l'inclinaison donne sensiblement l'angle de l'octaèdre régulier (1). Cependant nous n'avons pas dû

---

(1) Voyez *Comptes rendus de l'Académie des Sciences,* tome XLIII, page 1089.

conclure d'une manière définitive en pareille circonstance, parce que la lumière polarisée semble indiquer, par le rétablissement de la clarté entre deux prismes de Nichol, que ces cristaux n'appartiennent pas au système régulier; mais, pour une substance aussi réfringente et composée d'un aussi grand nombre d'éléments cristallins, disposés régulièrement, il peut rester encore des doutes même après cette expérience, concluante en toute autre circonstance. Au surplus, cette question est étudiée en ce moment par deux cristallographes éminents, M. Sella, de Turin, et M. Sartorius Von Waltershausen, de Göttingen, à qui nous avons remis tous les échantillons nécessaires pour établir une conclusion à cet égard.

II. — Le bore se présente aussi en cristaux d'une limpidité et d'une transparence parfaites : ils sont groupés sous forme de prismes longs et échancrés, de manière à figurer les dents d'une scie. Quelquefois on en obtient de très-petits, qui sont réellement prismatiques et à huit faces, terminées sans doute par les octaèdres dont nous allons donner la forme. Leur éclat adamantin est extrême; mais la dureté est un peu moindre que dans la première variété. Enfin l'action prolongée des acides, et surtout de l'eau régale, ne paraît pas tout à fait nulle sur leur surface. On obtient ces cristaux toutes les fois que l'on maintient l'acide borique avec un excès d'aluminium en contact dans un creuset de charbon de cornues à une haute température, et pendant longtemps. Il faut au moins cinq heures de chauffe à la chaleur de fusion du nickel; bien peu de creusets résistent à cette épreuve.

La composition de ce bore est très-variable. Voici une analyse qui donne une idée des proportions moyennes des substances qui y entrent; l'analyse porte sur un échantillon très-beau formé de cristaux choisis :

Carbone.   4,2
Aluminium. . . .   6,7
Bore.   89,1
                       ———
                       100,0

Si l'on parvient à produire des cristaux de cette substance un peu gros et non maclés, à coup sûr elle pourra être employée en joaillerie. Cette variété a été obtenue en cristaux si nets et si réfléchissants, que ses angles ont pu être déterminés avec présision : la forme cristalline du bore est le prisme droit à base carrée dont les paramètres, calculés avec l'inclinaison des faces de l'octaèdre le plus développé du cristal, sont dans le rapport de 1 pour les axes horizontaux, à 0,578 pour l'axe vertical. Les formes que l'on y trouve appartiennent à deux octaèdres (111), (221) appuyés sur les arêtes de la base, les faces (110) du prisme et (100) d'un second prisme dont les faces sont tangentes aux arêtes du premier. Les angles de ces faces permettent de considérer le bore comme entièrement isomorphe avec l'étain. Nous devons cette remarque à M. Sella (1). Voici les angles que nous avons trouvés (angles de normales) :

	D'après noûs.	Calculé.	D'ap. M. Sella.
110 sur 221.	31° 29′	»	31° 33′
221 sur 111.	19° 36′	»	19° 27′
Les faces adjacentes de l'octaèdre 111.	77° 50′	77° 50′	»
Les faces alternatives.	53°	53° 2′	»
Les faces des deux prismes adjacentes 100 sur 100. . .	45°	»	»
Les faces alternatives.	90°	»	»

(1) Pendant que nous faisions nos mesures, M. de Senarmont a reçu de M. Sella, l'habile professeur de Turin, une lettre dont nous donnons ici un extrait :

« M. Govi, qui va à Florence comme professeur de Physique, avait avec

Ces angles appartiennent, avec les mêmes valeurs, à tous les cristaux quelle que soit leur couleur, depuis le grenat foncé jusqu'au jaune de miel presque incolore.

III. — La plus dure de toutes les variétés de bore, plus dure incontestablement que la première, s'obtient en épuisant à plusieurs reprises l'action de l'acide borique en grand excès sur l'aluminium et à une température telle, que tout l'acide borique soit volatilisé très-rapidement. C'est ainsi que pour obtenir 1 à 2 grammes de cette matière, il faut volatiliser en vases clos dans les appareils de charbon de cornues convenablement adaptés à l'expérience, 20 à 30 grammes d'acide borique, chauffés chaque fois pendant deux à trois heures. Il reste alors dans le creuset une masse caverneuse, rouge-chocolat clair, tout à fait semblable à cette variété de diamant qu'on appelle le *boort*, hérissé de cristaux de bore d'un très-grand éclat. On enlève le fer et un peu d'aluminium au moyen de la soude et de l'acide chlorhydrique ; malheureusement l'alumine, ou plutôt le corindon dont le bore est imprégné, résiste à tous les agents de dissolution qui n'attaquent pas le bore.

On remarquera, à ce propos, que l'alumine, en présence du chlore et du charbon que contient le bore, et

---

lui du bore de MM. Wöhler et Deville. J'ai mesuré trois petits cristaux oscillant entre $\frac{1}{3}$ et $\frac{1}{6}$ de millimètre. Je trouve que ces cristaux appartiennent au prisme à base carrée. Cela est fort curieux, car il n'y a que l'étain qui ne soit pas cubique ou rhomboédrique parmi les métaux dont on connaît la cristallisation. Mais ce qui est plus remarquable, c'est que le bore est complétement isomorphe avec l'étain. En effet, je trouve dans les angles de M. Miller, en changeant un peu sa notation, que les cristaux d'étain se composent, de même qu'ici, des formes (100) (100) (221) et que 110 sur 221 = 31°26'. Seulement la face la plus développée des cristaux d'étain manque ici, et son symbole serait (332) en le rapportant à celui du bore. »

peut-être du bore lui-même, donne de l'oxyde de carbone et du chlorure d'aluminium, ce qui empêche qu'on
néglige la présence de l'alumine dans l'analyse du bore
par le chlore. Il faut mettre un soin extrême à séparer,
avant toute analyse, l'alumine du bore, par un triage des
cristaux au microscope pour échapper à toute cause d'er-
reur. La troisième variété de bore paraît au microscope
entièrement composée de petits cristaux; à l'œil nu, on
en aperçoit aussi de très-nets et de très-distincts, quoique
excessivement petits et échappant à la mesure; ce sont
eux cependant qui paraissent se rapprocher le plus, du
moins approximativement, de la forme octaédrique. La
dureté de cette matière est telle, que, d'après M. Guillot,
elle ne le cède nullement au diamant, et, après son emploi, on la retrouve avec le même degré de finesse qu'auparavant. Elle s'écrase également avec une difficulté extrême, présentant, sous ce rapport, les analogies les plus
grandes avec cette variété de diamant que les lapidaires
appellent le *boort*.

Avant de quitter les propriétés du bore, nous devons
insister sur la manière dont il faut interpréter les analyses
dont les résultats sont consignés plus haut. D'abord le
carbone qu'on y rencontre doit être évidemment considéré comme étant à l'état de diamant. Car, d'après toutes
nos analyses, plus la quantité de charbon y est forte,
plus la transparence paraît augmenter; et l'on sait que
quelques millièmes de carbone noir, et peut-être moins
encore, suffisent pour colorer d'une teinte très-foncée les
verres dans lesquels on ne peut pas supposer le charbon
combiné avec la matière qu'il colore; on est de plus obligé
d'admettre que le carbone a cristallisé avec le bore dont
il ne possède pas la forme.

Cette hypothèse n'a rien de contraire aux faits que l'on

observe dans certains cas, où l'on voit une matière, dont la proportion est dominante, imposer sa forme à des substances avec lesquelles elle a une certaine analogie de propriétés chimiques. La présence de l'alumine dans les amphiboles en est un exemple. D'ailleurs rien ne dit que le diamant, comme un grand nombre de corps dans la nature, n'est pas lui-même dimorphe et susceptible, dans des circonstances encore inconnues, de prendre la forme du bore. Le soufre sélénié, qu'on peut obtenir artificiellement avec des dissolutions de sélénium et de soufre dans le sulfure de carbone, en est une preuve. Le soufre entraîne, lorsqu'on opère avec certaines précautions, des quantités nécessairement très-petites de sélénium, à cause de la faible solubilité de celui-ci; mais la présence du sélénium, qui pourtant n'a aucun rapport de forme avec le soufre, peut être démontrée très-facilement par l'analyse qualitative dans le soufre sélénié, dont les angles qui ont été mesurés sont identiques à ceux que M. Mitscherlich a assignés au soufre octaédrique.

D'ailleurs les conditions d'isomorphie des corps simples et de leur entraînement mutuel par la cristallisation ont besoin d'être étudiées expérimentalement sur le petit nombre de ces corps qui sont assez rapprochés dans les classifications de la science, pour que leurs combinaisons n'obéissent pas à la loi des équivalents, c'est-à-dire pour que leur contact ne donne lieu qu'à une dissolution. Dans ce cas le carbone, le bore et le silicium (1), qui sont si rapprochés, peuvent se dissoudre mutuellement sans se combiner autrement et coexister dans le bore cristal-

---

(1) Nous disons le silicium, quoiqu'il ne soit pas mentionné dans les analyses de bore qui sont citées dans ce Mémoire, parce que dans plusieurs circonstances sa présence y a été signalée.

lisé sans que la forme de celui-ci soit changée. Le contraire a lieu lorsque l'argent, qui est si voisin du plomb,
est dissous dans le plomb. On sait (et la méthode de séparation des deux métaux par cristallisation est fondée
sur ce fait) que le plomb cristallise sans entraîner des
quantités sensibles d'argent. Il se sépare comme un sel
anhydre d'une dissolution aqueuse à l'état de saturation.

Ces observations s'appliquent à l'aluminium, dont la
présence dans le bore en quantités très-variables (depuis o jusqu'à 13 pour 100) n'indique jamais une combinaison; car la formule $AlBr^7$ exigerait déjà près de
20 pour 100 d'aluminium. Ce fait nouveau pourra servir, nous l'espérons, dans la détermination des conditions d'isomorphie des corps simples; mais il peut donner un certain appui à l'opinion que l'un de nous a
déjà émise, et d'après laquelle l'aluminium devrait être
placé dans la série du carbone et du bore au même titre
que l'antimoine dans la série de l'azote et du phosphore.
C'est là une application de la méthode parallélique qui a
déjà rendu bien des services dans les sciences naturelles.

Toutes les variétés polymorphiques du bore peuvent
être transformées les unes dans les autres par un procédé fort simple. On brasque un creuset de terre avec
du bore amorphe, comme on le ferait avec du charbon
de bois, et on y introduit un morceau d'aluminium. A
une température élevée l'aluminium se charge de bore
et le laisse cristalliser par le refroidissement. Quand
on dissout ensuite le métal au moyen de la soude et de
l'acide chlorhydrique, on extrait d'abord du bore adamantoïde qui se rend aussitôt à la partie inférieure du
vase où l'on opère, et du bore graphitoïde qui entre en
suspension dans la liqueur avec la plus grande facilité.
C'est un moyen de transformer le bore d'une origine

quelconque en bore cristallisé, qui jusqu'à présent n'a pu être obtenu directement qu'au moyen de l'acide borique (1) et de l'aluminium.

---

(1) Dans ces derniers temps le capitaine Caron et moi nous avons réussi à le préparer au moyen du fluorure de bore et de l'aluminium.

CONCLUSION.

J'ai essayé de démontrer que l'aluminium pouvait devenir un métal usuel, en étudiant avec soin ses propriétés physiques et chimiques, en montrant l'état actuel de sa fabrication, qui permet désormais d'en fournir au commerce autant que l'exigera la consommation. Quant à la place qu'il doit occuper dans nos usages, elle dépend de l'estime qu'en fera le public, et du prix auquel il sera livré au commerce. C'est là que l'expérience et le temps doivent seuls intervenir pour donner la solution du problème que je me suis posé.

L'introduction d'un nouveau métal dans les habitudes de la vie est une opération d'une difficulté extrême. Mais ici je dois le dire, et en exprimer hautement ma gratitude, j'ai été favorisé, dès le début de mon entreprise, de la manière la plus généreuse par S. M. l'Empereur qui en a fait les premiers frais, par mes maîtres et mes confrères dont la protection et l'amitié ne m'ont jamais manqué, enfin par la critique scientifique qui a été toujours bienveillante dans ses appréciations.

Au commencement, on a trop compté sur l'aluminium dans certaines publications où on en a fait un métal précieux, plus tard on l'a déprécié au point de le considérer comme soluble dans l'eau pure. La cause en est dans ce désir que chacun avait de voir sortir de l'argile des champs un métal supérieur à l'argent lui-même : l'opinion contraire a pu s'établir grâce à des échantillons impurs d'un métal qui est difficile à préparer et dont l'analyse est toujours délicate. Il semble aujourd'hui que l'opinion intermédiaire, celle que j'ai toujours soutenue, celle

que l'on trouvera exprimée dès les premières lignes de
cet ouvrage, se répand dans le public et empêchera les
illusions et les craintes exagérées, lesquelles seraient
également préjudiciables à l'adoption de l'aluminium
comme métal usuel.

Enfin il est un dernier fait que je demande la permis-
sion de consigner ici. Après les expériences faites aux
frais de l'Empereur à l'usine de Javel, l'aluminium est
entré dans l'industrie sous le patronage de financiers et
de capitalistes qui ont été uniquement guidés par le désir
de concourir à une œuvre utile. Avant les entreprises
commencées, soit à Paris, soit à Rouen, pour la création
d'une fabrique d'aluminium, tous les intéressés ont été
avertis des risques qu'ils couraient et du peu d'espoir que
j'avais moi-même de voir couronnée de succès une tentative de ce genre : un petit nombre de capitaux, d'après
mon conseil, y ont été consacrés en prévision d'une perte
qui serait peu considérable pour tous ceux qui la subi-
raient; quant au succès, il serait fort honorable pour ceux
qui y ont contribué dans de pareilles intentions. Ainsi
donc, quel que soit son sort, l'industrie de l'aluminium,
établie comme elle l'est aujourd'hui, ne pourra être pour
personne la cause d'une grande perte matérielle ou d'une
désillusion, et pour moi, je n'ai pas compté que mon pa-
trimoine que j'y ai consacré retournerait jamais à mes
enfants. Dans le cas d'un succès définitif, je serais heureux qu'un pareil désintéressement fût constaté publique-
ment, heureux aussi d'avoir fait fructifier la belle œuvre
de l'homme que je suis fier d'appeler mon ami, de l'illustre Wöhler.

FIN.

Paris. — Imprimerie de Mallet-Bachelier, rue du Jardinet, 12.

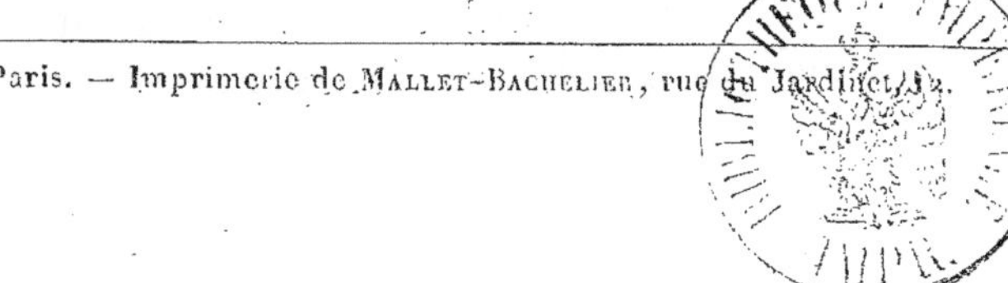

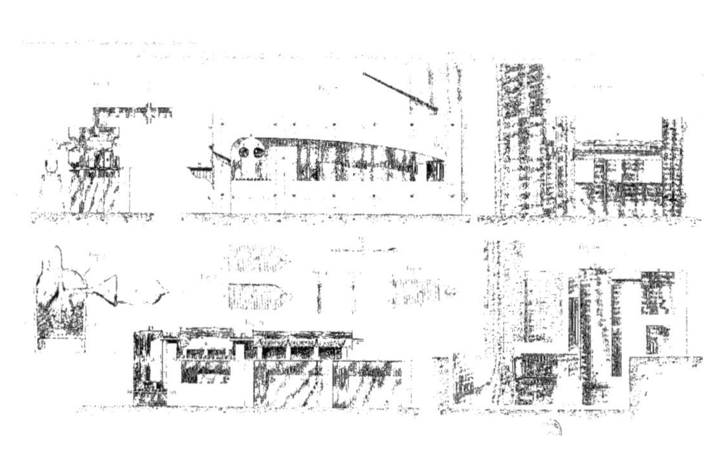